KB126306

약이 되는 한식 · 내경 편

식탁 위의 동의보감 2

피와 체액을 맑게 하는 음식 레시피

식탁 위의 동의보감 2

약이 되는 한식 · 내경 편

피와 체액을 맑게 하는 음식 레시피

김상보
조미순
김순희
이주희
이미영
이지선
지음

WISE BOOK
와이즈북

차례

1
부

피를 보하고 맑게 하는 음식

2부

불면을 치료하는 음식

3
부

목소리를 맑게 하는 음식

4부

체액을 맑고 풍부하게 하는 음식

5부

담을 풀어주는 음식

여는 글

몸을 치유하는 식치(食治)를 배운다

이 책은 『식탁 위의 동의보감 1』을 잇는 두 번째 한방 조리서이다. 『식탁 위의 동의보감 1』은 『동의보감』에서 「내경(內景) 1」을 다룬 것이며, 『식탁 위의 동의보감 2』는 「내경 2」를 다루고 있다. 1, 2권 모두 『동의보감』의 '단방(單方)'에 집중하여 허준의 한방 비법을 각종 찬품(饌品)으로 되살린 것이다. 제1권에서 강조했던 것처럼 식치(食治)의 관점에서 우리 몸의 근본을 다스리는 새로운 한방 조리법을 소개하고 있다. 특히 제2권에서는 생명의 원천인 피와 체액을 건강하게 하는 음식을 중심으로 다룬다.

허준은 당시 널리 쓰이던 속방으로 전해 내려온 단방을 모으고, 또 광범위한 한방 서적들을 참고하여 『동의보감』에서 많은 단방을 제시했다. 단방은 한 가지 재료 고유의 효능을 극대화하는 신효한 한방 비법이다. 이 책의 목적은 허준이 집대성한 단방을 우리 밥상으로 재현하여 한식의 새로운 가능성을 모색하고자 하는 것이다.

『식탁 위의 동의보감』을 출간하게 된 계기는 모든 한식은 근본적으로 식치에 근간을 두고 있다는 생각에서이다. 허준은 우리가 평소 먹는 매 끼 식사는 질병의 예방과 치료 그리고 건강 보존을 위한 것이고, 매 식사 때 차려지는 각종 찬품의 조리법은 식치가 그 바탕이라고 강조했다.

단방이란 한 가지 혹은 두 가지 생약으로 만든 민간약을 말한다. 민중에서 속방(俗方)으로 전해져 내려온 민간의 비방(祕方)을 허준은 『동의보감』에 올곧이 담아냈다.

허준의 다음 글은 단방에 대한 생각을 잘 드러낸다.

> 오랜 옛날에는 한 가지 약으로 한 가지 병을 치료했다. 후세 사람들이 약효를 본다고 20~30가지 약을 섞어서 쓰는데 이것은 맞지 않다…… 처방을 구성함에 있어 개개 약물의 특성을 살려 최대한 적은 수의 약물로 처방을 구성하는 것이 마땅하다.

예나 지금이나 민간약 단방이든, 한방약이든 대부분은 생약에 물을 합하여 달여서 탕(湯)으로 만들어 먹는 게 일반적이다. 이 책은 그 단방을 찬품화하여 우리 일상 식탁 위로 끌어와서 보다 건강한 삶을 되찾자는 취지를 담고 있다. 우리가 매일 먹는 밥상에 허준의 단방 비법을 올려놓음으로써 보다 쉽게, 보다 건강하게 만들어 먹을 수 있도록 하였다.

2019년에 첫 책을 내고 2023년 비로소 출판하게 됨에 따라 마음이 가볍지 않다. 코로나로 인한 악조건 속에서 시간을 허비하며 우리의 계획은 무참히 어긋났기 때문이다. 앞으로도 후속편의 출판을 계획하고 있다.

코로나 와중에 많은 어려움 속에서도 결실을 맺게 한 숙세(宿世)의 깊은 인연 조미순, 김순희, 이미영, 이주희, 이지선 선생님께 깊은 감사를 드린다. 출판계의 불황에도 불구하고 기꺼이 도움을 준 와이즈북에 또한 깊은 감사를 드린다.

대전 연구실 禾井齋에서

김상보

평생 건강을 지키는

단방 음식 99선

『동의보감』「내경」의 구성은 다음과 같다.

동의보감	구성 내용
내경 1	신형(身形), 정(精), 신(神)
내경 2	혈(血), 몽(蒙), 성음(聲音), 언어(言語), 진액(津液), 담음(痰飮)
내경 3	오장육부(五臟六腑), 간장(肝臟), 심장(心臟), 비장(脾臟), 폐장(肺臟), 신장(腎臟), 담낭(膽囊), 위(胃), 소장(小腸), 대장(大腸), 방광(膀胱), 초(焦), 포(胞)
내경 4	소변(小便), 대변(大便)

『식탁 위의 동의보감 1』은 내경 편 가운데 「내경 1」에 소개한 단방을 중심으로 '질병 없이 평생 건강을 지키는 장수 음식', '노화 방지, 정력 강화에 좋은 음식', '기를 통하게 하고 면역력을 높이는 음식', '마음을 다스리고 편안하게 하는 음식'으로 구성하였다.

『식탁 위의 동의보감 2』에서는 「내경 2」의 피와 체액을 생성하는 음식, 불면을 치료하고 목소리를 맑게 하는 비법 음식 등을 소개한다. 피를 포함한 체액은 건강의 척도이다. 부족해서도 안 되고 원활하게 잘 돌아야 병이 안 생긴다. 두통과 어지럼증에 시달리고 만성질환으로 고생하는 이유는 나쁜 피가 쌓여서이다. 동의보감에 등장하는 진액 즉 피, 조직액, 위액, 침 등의 체액은 일종의 윤활유와 같아서 부족하면 피부병과 관절병 등이 생기고 노화가 빠르게 진행된다. 체액이 맑고 지속적으로 생성되어야 모든 장기가 건강하고 평생 건강을 유지할 수 있다.

한방약은 모두 생약(生藥)이다. 생약이란 자연에서 난 식물이나 동물 또는 광물에서 얻은 약물을 말한다. 이 생약이 민간약으로 쓰였다. 한방약은 몇 가지 약제를 결합해 처방하지만, 민간약은 한 가지 혹은 두 가지 생약으로 만든다. 그래서 한방약을 복방(複方)이라 하고, 민간약을 단방(單方)이라 했다.

단방은 민간에서 속방으로 전해져 내려온 민간의 비방(祕方)이었다. 그래서 과학적 관점에서 보면 근거를 보장하지 못한다는 난제가 있다. 하지만 우리 선조들이 오랫동안 써오고 계승된 비법인 만큼 그 유효성과 역사성을 부정할 수 없다. 민간에서 전해 내려온 속방인 까닭에 자연에서 나고 자란 천연 재료가 대부분이다. 그것이 오늘날에는 사람과 기계의 노력을 가해 재배된다는 점에서 약효가 다를 것이다.

하지만 오랫동안 전통 한방 재료로서 우리 조상들의 질병을 치료해왔고 건강을 지켜온 비법이라는 점에서 그 유효성을 과소평가할 수 없다. 우리 주변에 광범위하게 쓰이고 있는 한방 약재는 우리 몸을 지키는 유효 약재로 쓸 수 있을 뿐 아니라 한식의 식재료로 활용될 수 있다. 우리 밥상에 전통 재료의 유효성을 발견해 건강을 지키고 한식을 계승 발전시킨다면 큰 의미가 있을 것이다.

이 책에서 우리는 허준의 식치를 요리에 구현한 모습을 찾을 수 있고, 식치를 바탕으로 우리 몸과 정신을 지킬 수 있다. 허준은 흔히 구할 수 있는 식재료에서 단방에 대한 지식과 비법을 전달하고 있다. 속방으로 전해져 내려온 허준의 단방 비법을 다음과 같이 간단하게 소개한다.

가지 생선으로 인한 식중독에는 생가지즙을 먹는다. 고혈압인 사람은 되도록 많이 가지를 먹도록 한다.

감과 곶감 이질과 설사에는 한 끼 쌀밥에 감이나 곶감 5개를 넣어 죽을 만들어 먹는다. 잘 듣지 않으면 반복해서 먹는다.

딸꾹질이 심하면 곶감 4개를 물을 합하여 달인 즙을 천천히 마신다.

고혈압 치료와 예방에는 감잎 순을 따서 쪄 말린다. 이 감잎 순을 매번 10g을 넣고 달여 그 즙을 먹는다.

각혈이 있을 때는 채 썬 곶감 1개에 3g의 청대를 합하여 버무려 무쳐서 먹는데, 잠자기 전에 천천히 씹어 먹는다. 효과가 없어도 계속 만들어 먹는다.

피가 섞여 나오는 소변에는 곶감 3개를 구워 가루로 만들어 밥물에 타서 먹는다.

검은콩 생선으로 인한 식중독에는 물과 검은콩을 합하여 달여서 그 즙을 먹는다.

술 중독증[酒毒]에 걸린 사람은 콩 삶은 물을 자주 먹는다.

중풍에 걸려 말을 못 하면 콩 삶은 따뜻한 물을 자주 먹는다.

고추 감기가 걸렸을 때에는 고춧가루 1숟가락, 참기름 1숟가락, 총백 1뿌리, 생강 1톨을 합해 찧어서 끓인 물에 섞어서 먹는다.

수박을 먹고 식중독이 걸렸을 때 잘게 썬 고추 3개에 물을 합하여 달인 물을 식혀서 천천히 먹는다.

김 입안에서 냄새가 날 때, 그리고 자한[自汗, 평상시에 식은땀이 많이 나는 병], 도한[盜汗, 잠잘 때 식은땀이 많이 나는 병]을 앓을 때는 김 20장에 물을 합하여 삶아 3회로 나누어 그 즙을 먹는다.

고혈압에는 불에 구운 김 1장을 부셔서 끓인 물과 합하여 먹는데, 하루에 3~6회 먹는다.

동맥경화증에도 고혈압 처방과 같은 방법으로 만들어 먹는다.

해수[咳嗽, 기침병]가 있을 때에는 김 10장을 물 1사발과 합하여 달이는데,

물이 1/2로 졸아들면 식후에 하루 3회 먹는다.

깨

위가 아프고 쓰릴 때 참기름 1작은술을 먹는다.
팔과 다리가 저리고 차가울 때 검은깨 1되를 볶아 으깨어 단지에 담는다. 여기에 뜨거운 술 1되를 부어 일주일 동안 둔다. 식전 또는 식후 1~2잔을 따뜻하게 데워서 하루에 3회 먹는다.

냉이

간경화증, 간염에는 냉이의 뿌리와 줄기, 잎 전부를 그늘에 말려 가루로 만들어서 식후에 10g 정도를 매일 3회 먹는다.

녹두

당뇨병에는 녹두에 물을 합하여 달여 그 즙을 자주 먹는다.
더운 여름에 더위와 습기를 이기기 위해서는 녹두 1컵에 율무 1컵을 합하여 물을 붓고 달여 녹두와 그 국물을 먹는다. 여름철 전염병이 유행할 때에는 녹두 1되에 물 5되를 합하여 녹두가 뭉그러질 정도로 달여 짜서 즙을 먹는다.

당근

심장이 약하고 불면증이 있을 때 식사 때마다 생당근 1뿌리씩 오랫동안 먹는다. 식욕이 없고 위장이 약할 때에는 구운 당근 1/2뿌리를 식전에 오랫동안 먹는다.

대추

고민으로 불면증이 생겼을 때에는 알이 큰 대추 14개에 총백 7뿌리와 물 3사발을 합하여 물이 1/3이 될 때까지 달여 먹는다.
식욕이 없고 소화불량이 있을 때에는 대추씨를 빼내고 굽되 태우지 않는다. 구운 대추를 가루로 만들어 1숟가락씩 끓인 물과 함께 오랫동안 먹는다.

도라지

오한이나 더위로 위 복통이 생겼을 때 도라지 10뿌리에 생강 5편을 합하여 달여서 그 물을 자주 먹는다.
코피, 토혈[吐血, 피를 토하는 증상], 하혈이 있을 때에는 도라지 10뿌리에 4사발의 물을 합하여 달여서 물이 1/2로 줄어들면 3회로 나누어 먹는다. 오랫동안 음용하면 좋다.

마늘

게를 먹고 식중독이 생겼을 때 껍질을 벗긴 마늘에 물을 합하여 달여서 그 즙을 먹는다.
만성 설사에는 마늘 1통을 구워 식전에 1쪽씩 2~3일 먹는다.
감기에 걸렸을 때 마늘 3뿌리, 대파 5뿌리, 생강 5편, 물 2사발을 합하여 약간의 후추를 넣고 물이 1/2이 될 때까지 달여 다 먹고 땀을 낸다. 3~4회 계속 먹는다.

매실 설사와 구토가 있을 때 소금에 절인 매실에 물을 합하여 달여서 그 즙을 천천히 먹는다.
배가 붓고 아플 때에는 매실 14개에 물을 합하여 달여 그 즙을 천천히 먹는다.

모과 기천[基川, 가슴이 답답하고 숨이 차며 목구멍에서 가래 소리가 나는 병]에는 모과 잎에 물을 합하여 달여서 여러 차례 먹는다.
신경통이 있을 때 모과 1개를 편으로 썰어 3홉의 술을 합하여 달인 즙을 먹는다. 각기병에도 이렇게 만들어서 먹으면 좋다.
젖이 안 나올 때 모과 1개를 편으로 썰어 3홉의 술을 합하여 달인 즙에 우유를 조금 넣어 먹는다. 배꼽 밑 아랫배가 아플 때에는 모과 편 3개에 큰 대추 3알과 뽕잎 7장을 합하여 물을 붓고 달여서 그 즙을 먹는다. 한 번 복용으로 낫지 않으면 한 번 더 먹는다.

무 연탄가스 중독에는 생무즙을 먹는다. 위장병이 있을 경우에는 생강즙을 약간 넣어서 먹는다.
당뇨병으로 인한 갈증에는 생무즙을 조금씩 자주 먹는다. 음주로 인한 토혈에는 무즙 1그릇에 소금을 약간 넣어 먹는다. 위산과다증에는 생무즙에 술 1컵과 생강즙 약간을 합하여 매 식후에 먹는다.

미나리 부인이 하혈과 대하증이 있을 때에는 미나리에 물을 합하여 달여서 그 즙을 1컵씩 식전에 하루 3회 먹는다.
혈뇨가 있을 때에는 식사 중간에 미나리즙 1잔씩을 3회 먹는다.
술을 마신 후 열이 나고 머리가 아플 때에는 미나리즙 1/2잔, 당근즙 1/2잔을 합하여 먹으면 즉시 열이 내린다.

설사가 날 때 미나리 삶은 물을 자주 먹는다.
구토가 날 때 미나리 삶은 물을 자주 먹는다.
고혈압이 악화되면 생미나리즙을 1잔씩 하루에 3~5회 먹는다.
위장병이 악화되면 생미나리즙을 1잔씩 하루에 3~5회 먹는다.

밤

설사가 날 때에는 불에 구운 군밤 20~35개를 먹는다.
신장이 약할 때는 생밤을 한 번에 10개씩 오랫동안 먹는다.
허리와 다리에 힘이 없을 때는 생밤을 한 번에 10개씩 오랫동안 먹는다.

배

목이 쉬어 소리가 나지 않을 때에는 배즙을 여러 번 마신다.
가래가 생길 때는 배즙을 오랫동안 먹는다.

배추

손과 발에서 열이 날 때 배추즙을 오랫동안 먹는다.
변비가 있을 때 배추즙 1잔을 매일 식사 중간에 먹는다.
술을 과음하여 깨어나지 못하면 배추즙을 먹는다.

보리

식욕 부진에는 볶은 보릿가루 8g을 따뜻한 물과 함께 먹는다.
위장이 허약할 때는 볶은 보릿가루 8g을 따뜻한 물과 함께 먹는다.

사과

두통이 있을 때 식후에 사과 1개를 껍질째 오랫동안 먹는다.
이질에는 덜 익은 사과 10개에 2되의 물을 합하여 1/2이 되게 달여서 자주 먹는다.

생강

감기에 걸렸을 때는 생강즙 1홉에 꿀을 약간 넣고 데워서 매일 5회 먹는다.
산후에 혈체[血滯, 피의 흐름이 원활하지 못한 병]와 하복통이 있을 때 달인 생강차에 소주를 넣어 먹는다. 사지가 찬 여성은 매일 식전에 생강차 1잔을 먹는다.
각종 식중독에는 생강즙에 약간의 소금을 넣어 1잔씩 여러 번 먹는다.
일사병으로 쓰러진 사람에게는 생강차에 약간의 소주를 합하여 먹인다.

수박 소변이 잘 안 나올 때는 익은 수박즙에 약간의 소금을 합하여 식사 중간에 1잔씩 하루 3회 먹는다.

완두 어린이와 노인이 습관성 설사를 할 때 완두죽 1잔을 식사 전에 먹는다. 장질환이 있거나 대변이 원활하게 안 나올 때는 완두죽 1잔을 식사 전에 먹으면 좋다.

노인을 위한 보약으로 완두에 염소 고기를 합하여 삶아 먹는다. 기혈(氣血)이 몹시 허약한 사람은 완두에 염소 고기를 합하여 삶아 먹는다. 위나 장이 약한 사람도 이렇게 만들어 먹으면 좋다.

은행 어린이가 밤에 오줌을 쌀 때에는 구운 은행 10개를 먹인다.

기침이 심할 때 은행 14알을 삶아서 그 물과 함께 하루 2회 먹는다. 가래와 천식 치료에도 이렇게 먹으면 좋다.

조루증이 있을 때에는 은행 20개에 소주 2사발을 합하여 달여 오랫동안 먹는다.

자두 위가 약한 사람은 커다란 자두를 7일 동안 소금에 절였다가 햇볕에 말리고, 이것을 식사 때 1개씩 먹는다. 술이 잘 안 깰 때에는 위의 건자두 1개씩을 먹는다.

죽순 신장염에는 죽순과 옥수수털을 일대일로 삶아 그 즙을 먹는다. 소변이 잘 안 나올 때도 위의 방법대로 먹는다.

천식이나 고혈압, 식중독에 걸렸을 때도 삶은 죽순을 먹는다. 신경통, 반신불수, 중풍을 예방하기 위해서는 생죽순 3.75kg을 알코올 도수가 높은 술 1말에 합하여 담근다. 이것을 1개월 이상 숙성하여 식전이나 식후에 1잔씩 먹는다.

호두 불면증일 때 속껍질이 있는 호두 4개를 식후마다 먹는다. 위산과다증에는 호두를 생강차와 함께 먹는다.

소변을 너무 자주 볼 때에는 불에 구운 호두를 아침 공복에 1알, 자기 전에

1알을 먹는다.

토마토 양기가 부족할 때는 소고기 300g에 토마토 10개를 합하여 삶아서 오랫동안 먹는다. 심장쇠약증에도 이렇게 만들어 먹으면 좋다.

고혈압에는 토마토 주스를 매일 3잔 이상 먹는다. 위산과소증이 있을 때 매일 식후에 토마토 1개를 먹는다.

일러두기

『동의보감』에는 "只取一味或作丸或作末或煎湯服丸或末每服二錢煎湯則每五錢凡二十三種"이라는 구절이 있다. 식재료나 약재를 환으로 만들어 먹거나 가루로 먹을 경우 1회에 2전을, 탕으로 먹을 경우 1회에 5전까지 허용된다고 하였다. 당시의 도량형을 적용하면 1전은 4g이므로 환과 가루는 1회에 8g까지, 탕은 20g까지 먹으면 된다.

『동의보감』 원문 번역에서는 조선시대의 도량형 표기법을 적용하였다.

이들 도량형은 다음과 같이 환산된다.

1푼[分] - 1/10전(錢) = 0.4g
1전(錢) - 1/10냥(兩) = 4g
1냥(兩) - 40g
1근(斤) - 16냥 = 640g
1말[斗] - 10되 = 6,000cc = 6ℓ
1되[升] - 10홉(合) = 600cc
1섬[石] - 10말 = 60,000cc = 60ℓ

참고 문헌

김상보, 『조선왕조 궁중연회식 의궤음식의 실제』, 수학사

1부

피를 보하고 맑게 하는 음식

『동의보감』의 단방에서 다룬 '혈(血)'에서는 만병의 원인인 피를 다스리는 방법을 소개한다. 오장육부에 영양을 공급하는 피는 늘 맑게 유지하고 그 흐름을 좋게 하는 것이 핵심이다. 1부에서는 어혈을 풀어주고 혈액순환을 좋게 하는 음식을 소개한다. 코피, 위, 식도 등의 질환으로 피가 나는 토혈(吐血), 기침이 심할 때 가래에 섞여 나오는 해혈(咳血), 요도와 신장, 방광의 출혈증인 뇨혈(尿血), 항문 출혈인 변혈(便血) 등에 효과적인 음식도 소개한다.
혈을 위한 단방으로는 생지황, 궁궁, 당귀, 천근, 울금, 생우즙, 구즙, 나복즙을 택하여 다양한 찬품을 완성할 수 있다, 이 중 지황과 당귀는 빈혈, 월경 불순, 자궁 출혈, 실혈(失血) 등 모든 혈증(血症)을 치료하는 약으로 쓰이는 사물탕(四物湯)의 재료이다.

사물탕 숙지황 5g, 당귀 5g, 백작약 5g, 천궁 5g
* 위 재료를 합하여 달여서 복용하면 혈을 보할 수 있다.

생지황 生地黃

治吐衂便尿一切失血取汁飮半升日三或和薄荷汁或和生薑汁皆效

『동의보감』「단심」

토혈, 코피, 혈변, 혈뇨 등 일체의 피 흘리는 것을 치료한다. 즙을 취해서 하루에 반 되를 하루에 세 번 마신다. 박하즙을 섞거나 생강즙을 넣어도 모두 효과가 있다.

지황의 생뿌리를 생지황이라고 한다.

지황은 여러해살이풀로 중국이 원산지다. 줄기와 잎, 꽃 등에 잔털이 있고 잎은 짧은 줄기에 무더기로 뭉쳐난다. 꽃은 6~7월경에 피는데 모양은 트럼펫 모양으로 자주 빛을 띤 진한 분홍색 꽃이 줄기에 어긋나게 붙어서 핀다.

고려 시대의 『향약구급방(鄕藥救急方)』에 지황이 등장하는 것으로 보아 약재로 사용된 시기는 고려 시대 이전일 것으로 추정된다. 약재로 사용되는 부분은 뿌리인데 생으로 사용하면 생지황, 말린 것은 건지황, 술에 담갔다가 찌고 말리기를 여러 번 한 것은 숙지황이라고 하며, 그 성질과 쓰임새도 다르다.

생지황의 맛은 달고 약간 쓰며 특유의 냄새가 있고 성질은 매우 차갑다. 생지황은 자궁 출혈을 치료하고 심열을 내리며 뭉친 피를 풀어주고 어혈을 삭게 하는 효능이 있다. 월경, 각종 하혈, 코피, 피를 토하는 것 등을 해소한다. 『본초강목(本草綱目)』에는 뼈마디와 살집을 채워주고 골절상에 좋다고 했다.

재료 및 분량

생지황즙 3컵, 멥쌀 1컵

물 10컵

만드는 방법

1. 생지황을 돌절구에 찧어 3컵의 즙을 낸다.
2. 1의 즙에 멥쌀을 3시간 정도 담가놓았다가 말린다.
3. 1의 즙에 다시 담갔다가 다시 말리기를 3번 반복한다.
4. 3에서 멥쌀 1컵을 자기 냄비에 담아 물 7컵을 넣고 뭉근한 불에서 끓인다.
5. 끓여낸 맑은 죽을 그릇에 담아 낸다.

생지황죽 2

재료 및 분량

멥쌀 1컵, 물 6컵
생지황즙 1/2컵

만드는 방법

1. 멥쌀을 3시간 이상 물에 불려 건져서 냄비에 담아 물을 붓고 뭉근한 불에서 끓여 흰죽을 만든다.
2. 생지황을 돌절구에 담아 찧어 1/2컵의 즙을 만든다.
3. 1의 흰죽에 2의 생지황즙을 합하여 빈속에 먹는다.

흑임자술 생지황

재료 및 분량

흑임자 2컵, 율무 2컵, 생지황 120g
소주 2ℓ

만드는 방법

1. 흑임자를 깨끗이 씻어 타지 않게 볶는다.
2. 율무도 깨끗이 씻어 타지 않게 볶는다.
3. 생지황은 깨끗이 씻어 물기를 제거한다.
4. 시중에서 판매하는 소주 2ℓ에 1, 2, 3을 합하여 병에 담아 공기가 들어가지 않도록 주둥이를 밀봉한다.
5. 4를 3개월 이상 숙성한 후 먹는다.

생지황차

재료 및 분량

생지황 뿌리 15g, 물 1ℓ

만드는 방법

1. 지황을 깨끗이 씻어 물을 넣고 끓인다.
2. 물이 끓으면 뭉근한 불로 바꾸어 물이 절반이 될 때까지 끓인다.
3. 식혀서 아침저녁으로 마신다.

궁궁 芎藭

能行血治吐衄便尿一切失血煎服末服並佳

『동의보감』「본초」

능히 피를 잘 통하게 하고 토혈, 코피, 혈변, 혈뇨 등 일체의 피 흘리는 증상을 치료한다.
달여 먹거나 가루로 먹는 것 모두 좋다.

Qwert1234, Creative Commons

궁궁은 한반도와 일본, 만주 등지에 분포하는 여러해살이풀로 산지나 골짜기의 냇가에서 자생한다. 꽃은 7월에 흰색으로 피는데 줄기 꼭대기에 우산이 겹친 듯한 꽃차례 모양으로 많은 꽃이 달린다. 식용하는 부위는 굵은 뿌리이며 어린 순을 나물로 먹기도 한다. 궁궁은 자생하는 지역에 따라 이름이 천궁, 서궁, 무궁 등으로 다르게 불린다.

뿌리는 3월에 채취하여 사용한다. 맛은 맵고 성질은 따뜻하며 독이 없다. 매운맛이 강하고 따뜻하다. 기가 강하기 때문에 뭉쳐 있는 기를 흩어주고 피를 잘 돌게 하며 피를 흘리는 증상을 막아준다. 양의 기운이 강하여 위로 올라가기 때문에 머리의 여러 병을 치료한다. 근골을 튼튼히 하고 맥을 고르게 하며 잇몸에 피가 날 때 물고 있으면 낳는다. 단 오래 복용하면 좋지 않다.

궁궁은 특유의 냄새가 있는데 이로 인하여 나쁜 기운을 물리친다고 하여 단오절이 되면 창포에 머리를 감고 궁궁의 잎을 머리에 꽂기도 했다.

궁궁 돼지족탕

재료 및 분량

돼지 족 큰 것 1개(5인분)

돼지고기 100g, 대파 1뿌리, 마늘 20알, 생강 1톨, 궁궁 10g, 물 15컵

양념장

국간장 11/2큰술, 소금 11/2큰술, 다진 파 1큰술

다진 마늘 1/2큰술, 후춧가루 1/2작은술

1. 돼지 족은 토막 내서 찬물에 담가 핏물을 빼준다.
2. 냄비에 물을 끓여 돼지 족을 넣고 겉만 살짝 익을 정도로 삶아낸 다음 찬물에 씻는다.
3. 냄비에 2를 담아 대파, 마늘, 생강, 돼지고기, 궁궁을 넣고 뭉근한 불에서 무르게 삶는다. 도중에 물을 보충하면서 위에 뜨는 기름과 거품을 걷어낸다.
4. 3의 돼지고기를 꺼내어 편으로 썬다.
5. 3의 돼지 족이 익어 뼈와 살이 분리될 정도로 고기가 물러지면 건져내어 뼈를 제거하고 적당히 썬다.
6. 육수는 체로 밭쳐 기름을 걸러내고 다시 냄비에 담아 양념장을 넣고 한소끔 살짝 끓인다.
7. 국그릇에 6를 담고 4의 돼지고기와 5의 족을 담아 낸다.

궁궁차

재료 및 분량

궁궁 10g(5인분), 대추 4~5개, 물 1ℓ

만드는 방법

1. 궁궁과 대추를 흐르는 물에 깨끗이 씻는다.
2. 1을 냄비에 담아 물을 넣고 끓인다.
3. 끓어 올라오면 약한 불에서 20~30분간 달인다.

당귀 當歸

治一切血能和血行血養血芎藭當歸合爲芎歸湯爲血藥第一

『동의보감』「강목」

일체의 피 나는 증상을 치료하고 능히 피가 몰린 것을 고르게 하여 피를 잘 돌게 하고 피의 원기가 부족한 것을 돕는다.
궁궁과 당귀를 합하면 궁귀탕이 되는데, 혈액 약 가운데 제일이다.

당귀는 한반도와 만주, 일본에 분포하는 여러해살이풀이다. 저지대부터 고지대까지 골고루 분포하는데 고지대로 올라갈수록 약효가 뛰어나다. 높이는 1~2m에 이르고 9~10월에 꽃이 핀다. 꽃 모양은 겹우산 모양으로 꽃차례가 가지 끝에 여러 개 달리며, 꽃 색깔은 자주 빛이다. 약용으로 사용하는 곳은 뿌리인데 늦가을에 캐어 말려 사용한다. 봄에 어린순을 나물로 먹기도 한다.

맛은 달고 쓰며 맵고 성질은 따뜻하고 독이 없다. 당귀는 혈이 부족한 곳을 보하고 막힌 곳을 뚫어 잘 돌게 하여 혈이 가야 할 곳으로 모두 돌아가게 한다는 효험이 있어 '당연히 돌아간다'는 뜻의 이름을 얻었다. 그 이름을 얻은 만큼 전쟁터에 나가는 남편의 품속에 당귀를 넣어주었다는 이야기도 있다.

당귀는 임신, 출산에 관련한 여러 질환의 처방약으로 많이 사용한다. 피를 만들어 새롭게 하고 어혈을 없애주며 심장을 보하는 효과가 있기 때문이다. 뿌리 어느 부분을 쓰느냐에 따라 약효가 달라지기도 하는데 상부를 치료할 때는 대가리를 쓰고, 중부를 치료할 때는 몸을 쓰고, 하부를 치료할 때는 꼬리를 쓴다고 했다. 일반적으로 혈이 병들면 이 약을 사용하지만 장위가 약하고 비위에 병이 있는 경우에는 사용할 수 없고, 산후와 임신 전에도 사용하지 않는다.

당귀국

재료 및 분량

당귀 잎 30g(5인분), 홍고추 1개

소고기 양지머리 200g, 무 100g

콩나물 100g, 쪽파 2뿌리, 다진 마늘 1큰술, 국간장 1큰술

소금 1큰술, 물 10컵

만드는 방법

1. 당귀를 깨끗이 씻어 데쳐놓는다.
2. 소고기 양지머리와 무는 채 썬다. 홍고추는 어슷어슷 썬다.
3. 콩나물은 다듬고 쪽파는 5cm 길이로 썬다.
4. 냄비에 참기름을 넣고 2의 양지머리와 무를 볶는다.
5. 4에 물 10컵을 붓고 거품을 걷어내며 끓이고 다진 마늘을 넣는다.
6. 5에 콩나물과 쪽파를 넣고 한소끔 끓인 다음 국간장, 소금을 넣는다.
7. 6에 데친 당귀와 홍고추를 넣고 한 번 끓으면 불을 끈다.

당귀다식

재료 및 분량

당귀 잎가루 3큰술, 밀가루 100g
콩가루 100g
계핏가루 1/2큰술, 꿀 7큰술

만드는 방법

1. 당귀 잎가루를 고운체에 내린다.
2. 밀가루를 타지 않도록 볶아서 고운체에 내린다.
3. 1과 2, 콩가루, 계핏가루를 섞어 꿀을 넣고 반죽한다.
4. 3의 반죽을 다식판에 넣어 모양을 만들어낸다.

*
어린 당귀 잎을 따서 깨끗이 씻은 다음 끓는 물에 살짝 데쳐내어 채반에 담아 햇볕에 바싹 말린다. 이것을 절구에 담아 찧어 가루로 만들어 보관하였다가 쓴다.

천근 茜根

治吐衄便尿崩中一切血疾搗爲末每二錢水煎冷服

『동의보감』「본초」

토혈, 코피, 혈변이나 혈뇨, 월경 시 피가 많이 나는 것 등 일체의 피 나는 증상을 치료한다. 찧어서 가루 내어 매번 2전씩 물에 달여 차게 복용한다.

mingiweng, Creative Commons

천근은 꼭두서니의 뿌리이다. 꼭두서니는 천초, 가삼자리, 가삼사리 등으로도 불린다. 덩굴로 자라는 여러해살이풀로 한반도를 비롯하여 일본, 대만, 중국 등지에 분포한다. 길이는 1m 정도이며 잎은 4개씩 돌려나기 한다. 줄기에는 각이 있고 짧은 가시가 있다. 꽃은 6~8월에 피며 옅은 황색이다. 열매는 방울처럼 둥글며 2개씩 붙어 검은색으로 익는다.

문헌에 나타난 표기는 '곱도숑', '곡도숑', 이두 표기는 '고읍두송(高邑豆訟)' 등 다양하게 불린 것으로 보아 선조들의 식생활에서 매우 친근한 식물임을 알 수 있다.

천근 뿌리는 황색이나 붉은색으로 염색할 때 사용하였는데 붉은색의 발색이 선명하지 않아 조선 왕실에서는 기물이나 말 깔개 등의 염료로 사용했다. 또한 뿌리는 약재로도 사용하고, 어린잎은 나물로 먹기도 했다.

천근은 약간 시면서 짠맛을 띠고 성질은 차고 독이 없다. 『동의보감』, 『본경속소(本經續疏)』에서는 꼭두서니의 모양을 몸의 혈맥과 비교했다. "꼭두서니는 12월에 싹이 나오고 2~3월에 뿌리를 채취하는데, 이것은 기(氣)가 줄기로 순행할 때 채취하는 것이다. 뿌리는 붉은 보라색이고 줄기 속이 비어 있으므로 혈(血)이 맥(脈) 속에서 움직이는 현상과 비슷하다. 줄기 위에 가시가 있는 점은 맥에 경락(絡)이 있는 현상과 비슷하다. 몇 촌마다 마디가 있고 마디마다 잎이 5장 나오는 점은 맥에 혈(穴)과 회(會)가 있는 것과 비슷하다. 잎이 거칠고 껄끄러우며 광택이 없는 점은 혈이 응결하여 순환하지 못하는 점과 비슷하다. 그래서 천근은 맥으로 혈을 잘 보내며, 응결하여 막히고 메마른 곳을 저절로 잘 소통하고, 멈춰서 모인 것을 정체하지 못하게 한다." 이렇듯 『동의보감』에서 소개한 꼭두서니의 효능은 혈행(血行)을 원활하게 하고 토혈, 코피 등을 치료하는 데 좋다.

꼭두서니 나물

재료 및 분량

어린 꼭두서니 잎 300g(5인분)

양념

집된장 1/2큰술, 다진 마늘 1큰술

깨소금 1큰술, 참기름 1/2큰술

만드는 방법

1. 어린 꼭두서니 잎을 따서 끓는 물에 데쳐내어 2일 정도 물에 담가 쓴맛을 없애주고 건져서 물기를 짠다.
2. 물기를 짠 꼭두서니에 양념을 넣고 살짝 버무린다.

꼭두서니 장어탕

재료 및 분량

쌀 3컵, 장어 2마리(5인분), 물 20컵

어린 꼭두서니 잎 200g

양념

천초가루 1작은술, 된장 1큰술, 소금 1큰술

만드는 방법

1. 쌀은 씻어서 물에 2시간 이상 충분히 불려서 소쿠리에 건져낸다.
2. 장어의 등 쪽에 칼을 넣어 한 장으로 펴고 내장을 제거한 후 뼈를 발라낸다. 1cm로 썰어 놓는다.
3. 어린 꼭두서니 잎을 끓는 물에 데쳐내어 2일 정도 물에 담가 쓴맛을 없애주고 건져서 물기를 짠다.
4. 냄비에 20컵의 물을 붓고 된장을 망에 담아 걸러 넣는다.
5. 4의 된장 국물에 1, 2 및 3을 합하여 끓인다.
6. 한소끔 끓인 후 불을 약하게 줄이고 쌀알이 완전히 퍼질 때까지 나무 주걱으로 저어주면서 서서히 끓인다.
7. 어느 정도 완성되면 나머지 양념을 넣고 한소끔 끓여서 낸다.

울금 鬱金

止吐衄血破惡血爲末以童便薑汁好酒相和調服又治痰血取末和韭汁童便服之其血自消

『동의보감』「단심」

토혈, 코피를 멎게 하고 나쁜 피를 풀어준다. 가루로 만들어
어린아이 소변, 생강즙, 좋은 술을 합하여 넣고 고르게 잘 섞어서 먹는다.
또 피가 섞인 가래를 치료하는데, 가루를 취하여 부추 즙, 어린아이 소변을 합하여 먹으면
피가 저절로 삭는다.

Forest and Kim Starr, Creative Commons

울금은 강황의 덩이뿌리를 말한다. 강황과 울금을 혼돈해서 쓰기도 하지만 우리나라 식약청에서는 강황은 뿌리줄기로, 울금은 덩이뿌리로 정의하고 있다. 생김새도 강황은 생강처럼 생겼고 울금은 고구마같이 긴 타원형이다.

강황은 생강과의 여러해살이풀로 비가 많은 아열대지방에서 주로 재배된다. 키는 1m 정도이며, 늦봄에 나팔 모양의 홍백색 꽃이 먼저 핀 후 잎이 난다. 오래전부터 옷감을 황색으로 물들이는 염료로 사용하였다.

울금은 맵고 쓰며 성질은 차갑고 독이 없다.

금나라의 의학자 장원소(張元素)가 "기미가 모두 강하니 순수한 음(陰)이다"라고 하여 울금이 음의 성질을 지녔다고 했고, 음의 성질은 귀신을 부르는 데 적합하다고 하여 제사에 사용하는 술은 울금을 넣어 만들었다. 『상변통고』에서는 '제사 때 울창주를 땅에 붓는 것은 울금의 향기로 귀신을 부르기 때문'이라고 했다.

울금은 피를 잘 돌게 하고 지혈 효과가 있으며 소변에 피가 섞여 나오는 증상에도 사용한다. 또 통증을 완화하고 월경을 고르게 한다. 단 자궁의 수축을 돕기 때문에 임산부나 젖을 먹이는 엄마는 섭취에 주의해야 한다.

울금라떼

재료 및 분량

우유 200ml, 아몬드 5알
울금가루 1/4큰술, 계핏가루
1/3큰술 , 꿀 약간

만드는 방법

1. 우유와 아몬드를 믹서에 간다.
2. 1에 울금가루, 계핏가루를 넣고 꿀로 간을 맞춘다.

울금밥

재료 및 분량

멥쌀 3컵(5인분), 서리태 1/3컵, 울금가루 1/3큰술, 물 4컵

만드는 방법

1. 서리태를 물에 담가 충분히 불리고 쌀도 물에 2시간 이상 불린 다음 건져서 물기를 뺀다.
2. 물 4컵에 울금가루를 타서 밥물을 만든다.
3. 쌀과 콩을 솥에 담아 2의 밥물을 부어 불에 올린다.
4. 한 번 끓어오르면 중불로 줄이고 쌀알이 퍼지면 불을 약하게 하여 뜸을 들인 후 위아래를 잘 섞어 담아 낸다.

고등어조림
울금 묵은지

재료 및 분량

묵은지 1/2포기(300g), 고등어 2마리(5인분), 물 1/2컵
양파 1개(200g), 대파 1뿌리, 홍고추 1개, 청양고추 1개, 굵은 고춧가루 2큰술

양념장

울금가루 1/3큰술, 쌀뜨물 1/2컵, 다진 마늘 1큰술, 다진 생강 1작은술
간장 2큰술, 후춧가루 1/4작은술

만드는 방법

1. 냄비에 1/2컵의 물을 붓고 꼭지를 잘라낸 묵은지를 담아 불에 올린다.
2. 양파는 굵게 썰고 홍고추, 청양고추, 대파는 어슷하게 썬다.
3. 고등어는 내장을 제거하여 반으로 자른 다음 몸통에 어슷하게 칼집을 넣는다.
4. 끓고 있는 1에 3의 고등어를 넣고 준비한 양념장을 넣어준다.
5. 4가 한소끔 끓으면 굵은 고춧가루를 뿌려 먹음직스럽게 한다. 다시 한소끔 끓으면 불을 줄인 후 2를 넣어 마무리한다.

생우즙 生藕汁

消痰血能止一切出血取汁飮之或合地黃汁熱酒童便服並得

『동의보감』「본초」

피가 섞인 가래를 없애고 능히 일체의 피가 나오는 것을 멎게 한다.
즙을 취해서 마시거나 지황즙, 뜨거운 술, 어린아이 소변을 합해서 먹는 것 모두 좋다.

생우즙은 연의 뿌리로 만든 즙이다. 연은 한반도를 비롯한 인도, 중국, 일본, 시베리아에 분포하는 여러해살이 수초이다. 원산지는 인도와 이집트인데 우리나라에 유래한 것은 인도산이다. 자생지는 못 또는 늪지이며 1m 정도로 자란다. 꽃은 7~8월에 피며 연홍색 또는 백색이다. 뿌리에서 꽃대가 나오고 줄기 끝에 큰 꽃이 한 송이 핀다. 씨는 타원형으로 10월에 익는데, 씨의 수명이 길어 3천 년이 지나도 발아할 수 있다.

연꽃은 진흙 속에서 나지만 물들지 않고, 맑은 물결에 씻겨도 요염하지 않아 군자의 꽃이라고 했다. 부처가 태어나서 걸었을 때 발자국마다 연꽃이 피어났다고 하여 불교를 상징하는 꽃이기도 하다. 불교에서는 경전에 연꽃의 의미를 부여하여 『묘법연화경』, 『법화경』 등의 이름을 붙였다.

연은 모든 부위가 버릴 것 없이 사용되는데 종자, 뿌리, 잎, 꽃자루, 꽃봉오리, 꽃턱, 수술 등이 약효를 가지고 있다. 이중 우(藕)라고 불리는 뿌리는 맛이 달고 성질은 따뜻하며 독이 없어 신체를 보하고 기력을 북돋우며 오래 복용하면 몸이 가벼워지고 늙지 않으며 오래 산다. 『동의보감』에도 연뿌리의 여러 효능이 쓰여 있는데, 어혈을 녹이고 출혈을 멎게 하며 하초를 든든하게 한다. 또 열독을 풀고 음식물의 독을 없애며 산후에 가슴이 답답하거나 어혈이 위로 치받아 가슴이 아픈 증상 등에 다양한 방법으로 사용한다고 기록되어 있다.

Cerevisae, Creative Commons

연근 배조림

재료 및 분량

배 1개(450g), 연근 150g, 대추 3개, 생강 1/2개

만드는 방법

1. 배는 윗부분을 도려낸 다음 속을 파낸다. 자른 윗부분은 뚜껑으로 이용한다.
2. 생강과 연근은 깨끗이 씻어 편으로 썬다.
3. 1에서 파낸 배의 속과 2를 믹서에 간다.
4. 도려낸 배 속에 3의 갈은 것을 넣는다.
5. 4에 대추채를 올린 후 배 뚜껑을 덮어 찐다.
6. 쪄낸 배 속의 즙을 따뜻할 때 먹는다.

연근전

재료 및 분량

연근 300g(5인분), 물 1컵, 식초 1큰술
밀가루 1컵, 물 3/4컵, 간장 1큰술, 참기름 1큰술
밀가루 2큰술, 식용유

만드는 방법

1. 껍질을 벗긴 연근을 0.5cm 두께로 둥근 모양으로 썬다.
2. 물에 식초를 넣어 잘 저어준 다음 연근을 담가놓는다.
3. 연근을 꺼내 끓는 물에 살짝 데쳐서 찬물에 담갔다가 꺼낸다.
4. 밀가루에 물과 간장, 참기름을 넣어 잘 섞어 반죽을 만든다.
5. 연근에 밀가루를 묻힌 후 4의 밀가루 반죽에 담갔다가 꺼내어 기름에 지진다.

연근정과

재료 및 분량

생강 140g, 연근 400g, 모과 200g, 물 300g, 설탕 300g, 꿀100g

만드는 방법

1. 생강은 껍질을 벗기고 씻은 후 얇게 저민다.
2. 모과는 잠길 정도의 물을 넣고 20분간 삶은 후 껍질을 벗기고 반으로 잘라 속을 숟가락으로 긁어 씨를 제거한다.
3. 손질한 모과를 0.5cm로 두께로 자른다.
4. 연근도 껍질을 벗기고 0.5cm 두께로 자른다.
5. 1의 생강과 연근을 끓는 물에 살짝 데친다.
6. 냄비에 생강, 모과, 연근을 넣고 꿀을 첨가해 2시간 이상 조린다.
7. 연근이 투명하게 조려지면 채반에 올리고 꿀물을 뺀 다음 담아 낸다.

구즙 韭汁

止吐衂咯唾血善消胸膈間瘀血凝滯取汁冷飮三四盞必胸中煩燥不寧後自愈

『동의보감』「단심」

토혈, 코피, 각혈, 타혈을 멎게 한다. 흉격의 어혈이나 뭉쳐 막혀 있는 것을 잘 없앤다. 즙을 취해 차게 해서 3~4잔 마신다. (이것을 마시면) 반드시 가슴이 불안해지고 편안치 않다가 그다음 저절로 낫는다.

구즙은 부추의 즙을 말한다. 부추는 동남아시아가 원산지인 백합과의 여러해살이풀이다. 한 번 잘라내도 계속 자라서 오래 산다 하여 '오래'라는 뜻을 지닌 '구(久)'에서 음차하여 구(韭)라고 한 것이 후대에 구(韮)가 되었다. 부추를 부르는 이름도 다양한데 정구지, 소풀, 세우리, 염지, 솔, 졸 등으로 불리며, 한자로는 기양초(起陽草), 장양초(壯陽草)로 부추가 정력에 좋은 채소임을 말해준다. 잎은 짙은 녹색으로 특유의 냄새가 있으며 여름에는 줄기 끝에 흰 꽃이 핀다.

부추는 성질이 따뜻하고 맛은 시고 매우며 독이 없다. 『동의보감』에는 오장을 편안하게 하고 허약한 것을 보하고 허리와 무릎을 따뜻하게 한다고 했다. 또 어혈과 체기(滯氣)를 없앤다고 했다.

『본초비요(本草備要)』에는 "심장에 좋고 위와 신장을 보하며 폐의 기운을 돕고 담(痰)을 제거하며 모든 혈증을 다스린다"라고 할 만큼 다양한 효능이 있어 여러 병적 증상에 사용된다. 급성 흉비통이나 천식, 식중독에는 즙을 내어 먹는다. 소갈병(당뇨병)에는 부추 싹을 볶거나 국으로 먹는다. 탈항이 된 곳에는 생부추를 볶아서 찜질한다. 코피가 멎지 않을 때에는 부추 뿌리를 찧어서 콧속에 넣는다. 벌레가 귀에 들어가면 부추즙을 넣는다. 독사나 개에 물려 상처가 났을 때에는 부추의 흰 밑동을 찧어 낸 즙을 마시거나 발라준다.

부추 잎뿐만 아니라 열매(구자)도 약효가 좋은데, 혈액 정화, 강장, 강심제로 사용한다.

Kurt Stüber, Creative Commons

부추김치

재료 및 분량

부추 300g, 소금

양념

다진 마늘 2큰술, 다진 생강 1/5큰술, 고춧가루 5큰술, 설탕 1큰술, 소금 1큰술, 물 3큰술

새우젓 2큰술, 멸치액젓 1큰술

만드는 방법

1. 부추는 깨끗이 씻어 물기를 없애고 3등분한다.
2. 1의 부추에 준비한 양념을 넣고 버무린다.

부추전

재료 및 분량

부추 400g(5인분), 밀가루 2컵, 쌀가루 1컵, 소금 1작은술, 물 4컵, 식용유

만드는 방법

1. 밀가루와 쌀가루에 물을 넣어 걸쭉하게 반죽을 만든다.
2. 부추는 씻어 물기를 뺀 후 3cm 정도로 썰어 1과 합하여 버무린다.
3. 팬에 식용유를 두르고 반죽을 한 국자씩 떠 넣어 양면을 노릇노릇하게 지져낸다.

부추즙

재료 및 분량

부추 200g(5인분), 물 4컵

만드는 방법

1. 부추를 깨끗이 씻어 체에 밭쳐 물기를 뺀 다음 1cm 길이로 잘게 썰어놓는다.
2. 블렌더에 1과 분량의 물을 넣고 갈아 컵에 담아 낸다.

오이소박이

재료 및 분량

오이 6개(5인분), 굵은소금 1큰술
부추 200g, 쪽파 200g

양념

멸치액젓 3큰술, 새우젓 3큰술
다진 마늘 2큰술, 다진 생강 1/2큰술
설탕 2큰술, 고춧가루 2큰술

만드는 방법

1. 냄비에 물과 굵은소금 1큰술을 넣고 끓으면 오이를 넣고 5~10초가량 데친 후 차가운 물에 넣어 식힌다.
2. 데친 오이의 꼭지를 잘라내고 3~4등분 하여 십자 모양으로 칼집을 넣는다.
3. 부추와 쪽파는 잘 씻어서 물기를 뺀 다음 2cm로 잘라 양념을 넣고 버무린다.
4. 칼집을 낸 오이 속에 3의 소를 넣는다.

나복즙 蘿蔔汁

治衄吐咳唾痰血取汁入鹽少許服之或和好酒飮之卽止盖氣降則血止

『동의보감』「종행」

코피, 토혈, 각혈, 타혈, 담혈을 치료한다. 즙을 내서 소금을 조금 넣어 먹는다. 또는 좋은 술에 타서 마시면 곧 멈춘다. 대개 기가 내려가면서 피가 멈춘다.

Indiana jo, Creative Commons

나복즙은 무의 즙을 말한다. 무는 한반도를 비롯해 전 세계에 분포하는, 십자화과에 속하는 한해살이 혹은 두해살이풀이다. 원산지는 지중해라고 알려져 있는데, 실크로드를 통해 중국으로 들어오고 한반도를 거쳐 일본으로 전래되었다고 추정된다. 삼국 시대에 전래된 것으로 보이며, 고려 시대에 간행된 『향약구급방』에 무에 대한 내용이 기록되어 있다.

높이는 1m 정도이고 뿌리는 큰 원추형이다. 꽃은 4~5월에 피는데 총상꽃차례를 이루며 연한 자주색 또는 흰색이다. 열매는 나복자 혹은 내복자라고 한다.

맛은 맵고 달며 성질은 차고 독이 없다. 조선 시대의 의서 『본초정화(本草精華)』에는 날로 먹으면 기운을 불어넣어 주고 갈증을 풀어준다. 익혀 먹으면 기운을 내려주고 담을 없앤다. 많이 먹으면 수염과 머리카락을 희게 만든다고 했다. 『동의보감』에는 기를 잘 내리는 약재로 소개하고 있다. 연기를 많이 마셨을 때 무즙을 먹으면 좋고, 편두통을 다스리는 데 효험이 있다. 육혈·토혈·해혈·타혈·담혈을 치료하며, 음식을 넘기지 못하는 경우 즙을 천천히 삼킨다. 음식을 소화하고 밀가루의 독을 없애는 효능이 있어 국수와 무를 함께 먹으면 좋다.

깍두기

재료 및 분량

무 2kg, 소금 3큰술

마늘 10알, 홍고추 10개, 새우젓 3큰술, 멸치액젓 1큰술, 생강 1/2쪽, 찹쌀풀 3큰술

고춧가루 300g, 설탕 2큰술

만드는 방법

1. 무를 가로 2cm, 세로 2cm의 정사각형으로 썰어 소금을 뿌리고 30분 정도 절인다.
2. 마늘, 생강, 홍고추는 갈아놓는다.
3. 찹쌀가루와 물을 1대 7의 비율로 풀을 쑨다.
4. 1의 절인 무를 건져내어 2, 3을 넣고 고춧가루, 새우젓, 멸치액젓, 설탕을 넣어 버무린다.

다시마 무국

재료 및 분량

다시마 20cm, 무 300g, 물 10컵
국간장 2큰술, 소금 1큰술, 후춧가루 1/4작은술
참기름 1큰술

만드는 방법

1. 다시마는 깨끗이 씻어서 가로 세로 2cm로 썬다. 무도 같은 크기로 썬다.
2. 냄비에 참기름을 두르고 무와 다시마를 볶다가 분량의 물을 붓는다.
3. 국물이 끓어오르면 불을 약하게 한다.
4. 냄비에 올라온 기름과 거품을 걷어내고 준비된 양념을 넣어 간을 맞춘다.

무밥

재료 및 분량

멥쌀 4컵
무 300g, 표고버섯 200g, 들기름 1큰술
소금 1작은술

양념장
간장 3큰술, 다진 파 3큰술, 다진 마늘 2큰술
통깨 2큰술, 참기름 1큰술

만드는 방법

1. 쌀은 깨끗이 씻어 2시간 이상 불린 후 체에 건진다.
2. 무는 씻어서 껍질을 벗긴 후 0.5cm 굵기로 채 썬다. 표고버섯도 채 썰어놓는다.
3. 냄비에 1의 쌀과 2를 넣고 들기름과 소금을 넣은 다음 물을 넣는다. 무에 수분이 많으므로 밥물은 적게 잡는다.
4. 뜸을 들여 밥이 완성되면 그릇에 담아 양념장을 곁들인다.

허준은 『동의보감』에
"혈은 영이 되어 몸속을 다스린다.
눈은 혈이 있어야 볼 수 있고, 발은 혈이 있어야
걸을 수 있으며, 손은 혈이 있어야 쥘 수 있고,
손가락은 혈이 있어야 물건을 잡을 수 있다"
라고 쓰고 있다.

피를 생명의 원천으로 보고
피가 풍부하면 몸이 튼튼해지고
피가 부족하면 몸이 쇠약해진다고 했다.
따라서 허준의 소개한 양생법을 통해
건강한 피를 유지하고 피를 끊임없이
재생할 수 있어야 한다.

2부

불면을 치료하는 음식

『동의보감』의 단방에서 다룬 '몽(夢)'의 증상으로는 심(心)이 허하여 꿈이 많고, 음기가 심하게 쇠약하여 정신이 나가거나, 양기가 쇠약해져 생기는 광증(狂症)이 나타나기도 한다. 2부에서는 불면을 다스리는 단방 중에서 고죽엽, 소맥, 유백피, 임금, 궐, 사삼, 차, 고채, 초결명자를 한방 재료로 하여 찬품을 만들었다.
잠을 이루지 못하는 증상을 다스리는 한방약으로 알려져 있는 육군자탕(六君子湯)을 소개한다.

육군자탕 반하 6g, 백출 6g, 인삼 4g, 백복령 4g, 진피 4g, 감초 1.6g, 생강 3편, 대추 2개

* 위 재료를 합하여 달여서 복용하면 불면을 해소할 수 있다.

고죽엽 苦竹葉

治虛煩不睡煮服之

『동의보감』「본초」

기력이 쇠하고 신경이 날카로워 잠을 자지 못하는 것을 치료하는데, 달여 먹는다.

Daderot, Creative Commons

고죽엽은 오죽(烏竹, 줄기가 까만 대나무)의 잎이다. 대나무는 겨울에도 잎이 푸르고 곧게 자라기 때문에 충절과 절개를 상징하는 글과 그림의 소재가 된다. 중국 후한 시대의 자전『설문해자(說文解字)』에는 대나무를 "겨울에 사는 풀"이라고 하였으며, 식물에는 "나무와 풀과 대나무가 있다"고 하여 대나무를 나무도 아니고 풀도 아닌 것으로 여겼다.

『본초강목』에 따르면, 대나무 잎은 근죽엽, 고죽엽, 담죽엽, 감죽엽 등이 있다고 하였는데 그 중 고죽엽은 오죽의 잎을 말한다. 오죽은 한반도 중부 이남에 분포하며 상록활엽수이다. 높이는 10m 내외로 자라며 지름은 2~5cm 정도이다. 4~5월에 죽순이 올라와 자라기 시작하는데 첫해에는 녹색에서 점차 검은색으로 변한다. 대나무 꽃은 보통 60~120년 주기로 핀다.

고죽엽의 맛은 맵고 쓰며 성질은 차고 독이 없다. 성질이 차가워 몸의 화기를 내리는 효능이 있다. 불면증에 효험이 있고 근육이 뭉친 증상에도 사용한다. 또한 근육 경련, 인후가 붓고 숨 쉬기 힘든 증상, 구토를 치료한다. 민간에서는 동치미 위에 대나무 잎을 덮는데 이렇게 하면 발효 속도가 느려져 신선한 맛을 오래 유지할 수 있고 벌레도 생기지 않으며 잡냄새도 없애준다고 한다.

고죽엽차

재료 및 분량

고죽엽 100g(5인분), 약수 5컵

만드는 방법

1. 채취한 고죽엽을 깨끗하게 씻은 다음 물기를 제거한다.
2. 고죽엽을 10cm 길이로 자른다.
3. 돌냄비에 2와 분량의 물을 넣고 10분 끓여 한 김 식힌 후 찻잔에 붓는다.
4. 향이 우러나오면 천천히 마신다.

고죽엽 양지 편육

재료 및 분량

고죽엽 30g, 소고기 양지 600g, 대파 1뿌리, 마늘 5알, 통후추 10알, 청주 5큰술

만드는 방법

1. 양지를 찬물에 한번만 재빨리 씻는다.
2. 솥에 물을 넉넉히 붓고 모든 재료를 합하여 고기가 무르도록 푹 삶는다.
3. 무르게 삶아졌으면 양지를 건져서 차게 식혀 편육으로 썰어서 접시에 담는다.

소맥 小麥

治煩熱少睡煮服之

『동의보감』「본초」

열이 나고 가슴이 답답하며 잠을 잘 자지 못하는 것을 치료한다. 달여 먹는다.

Shariot Sharif, Creative Commons

소맥은 우리나라에서 가장 오래된 재배 작물 중 하나로 원산지는 아프가니스탄과 코카서스 남부 지방이라고 알려져 있다. 중국에서 전래되었으며 기원전 100여 년 전 평안남도 대동군 미림리 유적에서 발견된 것이 한국 최초의 밀이다. 또한 경북 경주시 월성지, 충남 부여 부소산 백제군량 창고 유적에서 탄화된 밀이 발견되어 삼국 시대에 이미 밀이 재배되었음을 알 수 있다. 한반도 기후는 고온다습하여 밀 농사에 적합하지 않기에 생산량은 많지 않았다. 선조들에게 밀가루는 귀한 식품이어서 『고려도경(高麗圖經)』에 따르면 큰 잔치가 아니면 쓰지 못했다고 했다.

밀은 2년생 풀로 높이는 1m 정도 자라며 잎은 길고 날씬하다. 대부분 줄기가 비어 있고 이삭은 20~100개 정도 달린다. 가을에 심어 겨울에 나고 봄에 이삭이 패여 여름에 열매가 맺힌다. 사계절의 기를 모두 받기 때문에 뜨듯함과 뜨거움, 서늘함과 차가움이 함께 있어 오곡 가운데 가장 귀하다. 『본초강목』에는 "통밀은 서늘하고 누룩은 따뜻하며 밀기울은 차고 말가루는 뜨겁다"라고 했다.

소맥의 맛은 달고 성질은 약간 차며 독이 없다. 밀은 소변을 잘 나오게 하며, 간의 기능을 보양하고, 하혈과 타혈을 그치게 한다. 밀밥을 해서 먹으면 잠을 자지 못하고 자주 갈증이 나는 것이 치료된다. 청나라의 약물학서 『본경소증(本經疏證)』에는 능금과 밀을 함께 먹지 말라고 하였고 살구, 복숭아와 함께 먹는 것도 좋지 않다고 했다.

소맥 만두

재료 및 분량

껍질 있는 통밀 30g, 물 4컵, 밀가루 300g
닭가슴살 30g, 소안심육 30g, 돼지고기 30g, 숙주나물 20g, 배추김치 30g, 양배추 20g
두부 30g, 표고버섯 15g, 감자가루 2큰술

양념

간장 11/2큰술, 다진 파 2큰술, 다진 마늘 1/2큰술, 참기름 2작은술, 소금 약간
후춧가루 약간, 잣가루 2작은술

만드는 방법

1. 통밀을 흐르는 물에 재빨리 씻어 물 4컵과 함께 뭉근한 불에서 끓여 물이 반 정도 줄었을 때 건더기는 건져내고 물은 식혀서 반죽용으로 사용한다.
2. 밀가루에 1의 물을 넣어 반죽한다.
3. 만두소로 사용할 배추김치는 양념을 털어내고 흰 줄기만 다진다.
4. 양배추와 표고버섯도 다지고, 숙주는 데쳐서 다져놓는다.
5. 소고기, 돼지고기, 닭고기도 다져서 합쳐 간장, 소금, 파, 후춧가루를 넣어 주무른 다음 볶아놓는다.
6. 두부는 면보에 싸서 물기를 짜놓는다.
7. 3, 4, 5, 6을 합하여 준비한 양념을 넣고 만두소를 만든다.
8. 2의 반죽을 10g씩 떼어 감자가루를 묻혀가며 둥글고 얇게 밀어 만두소를 넣고 빚는다.
9. 빚은 만두를 찜기에 쪄낸다.

소맥 대추차

재료 및 분량

통밀 30g, 대추 20g, 물 8컵, 꿀

만드는 방법

1. 통밀과 대추를 흐르는 물에 재빨리 씻는다.
2. 돌냄비에 물, 통밀과 대추를 넣고 끓인다.
3. 2의 물이 반 정도 줄었을 때 건더기는 건져낸다.
4. 3에 식성에 따라 꿀을 넣어 마신다.

통밀밥

재료 및 분량

껍질 있는 통밀 30g, 물 8컵
통밀 11/2컵, 연실 11/2컵

만드는 방법

1. 껍질이 붙어 있는 통밀을 흐르는 물에 재빨리 씻는다.
2. 돌냄비에 1과 물 8컵을 넣고 뭉근한 불에서 끓여 물이 반 정도 줄었을 때 통밀은 건져내고 물은 식혀서 밥물로 사용한다.
3. 연실을 밥 짓기 3시간 전에 씻어서 물에 충분히 불린다. 연실을 소쿠리에 밭쳐 물기를 뺀다.
4. 나머지 통밀 11/2컵은 밥 짓기 30분 전에 씻어서 물에 불려서 소쿠리에 밭쳐 물기를 뺀다.
5. 3과 4를 합하여 2의 밥물을 붓고 센 불에서 끓인다. 한 번 끓어오르면 중불로 줄이고 통밀이 퍼지면 불을 아주 약하게 줄여서 뜸을 충분히 들인다.

유백피
楡白皮

治不睡 嵇公云楡令人瞑是也初生莢仁以作糜羹服之令人多睡

『동의보감』「본초」

잠을 자지 못하는 것을 치료한다.
혜공이 "누릅나무 속껍질은 사람으로 하여금 잠을 자게 한다"라고 했다. 처음에 열린 씨의 꼬투리로 국을 끓여서 연하게 만들어 먹으면 잠을 충분히 잔다.

Jeremy Segrott, Creative Commons

유백피는 왕느릅나무의 껍질을 제거한 수피이다. 우리나라 전역에 분포하며 일본, 중국의 하북, 만주, 사할린 지역에 자생하는 낙엽 활엽수다. 잎은 긴 타원 모양으로 어긋나 있으며 4~5월에 꽃이 핀 후에 잎이 난다. 봄에 나는 어린잎을 나물로 먹기도 한다.

음력 2월에 껍질을 채취하여 겉껍질을 벗기고 안쪽 수피를 햇볕에 말린다. 유백피를 물기가 있는 상태에서 찧으면 풀처럼 끈끈한데 기와나 돌도 붙일 수 있을 만큼 접착력이 강하다.

맛이 달고 성질이 평하며 매끄럽고 독이 없다. 대소변이 나오지 않는 것을 치료하고 종기에도 사용한다. 『본초정화』에는 오래 복용하면 곡식을 먹지 않아도 배가 고프지 않다고 했다.

불면증에 유백피 말린 것을 달여 마시면 효험이 있다.

유백피차

재료 및 분량

유백피 60g, 물 10컵

만드는 방법

1. 유백피를 흐르는 물에 깨끗이 씻어 준비한다.
2. 도기 냄비에 물과 1을 넣고 센 불에서 달이다가 끓어오르면 뭉근한 불에서 끈적해질 때까지 달인다.
3. 유백피를 건져낸 후 식혀 차로 마신다.

느릅나무순 무침

재료 및 분량

어린 느릅나무순 300g
들기름 2큰술, 다진 대파 1큰술, 다진 마늘 1작은술, 국간장 11/2큰술
깨소금 2작은술

만드는 방법

1. 어린 느릅나무순을 끓는 물에 데쳐서 찬물에 헹구어 물기를 짠다.
2. 1에 준비된 양념을 넣고 무친다.
3. 2를 그릇에 담아 깨소금을 뿌린다.

유백피 닭곰탕

재료 및 분량

토종닭 1마리(1.2kg), 쌀뜨물

유백피 6g, 대추 3개, 마늘 6알, 대파 1/2뿌리, 생강 1쪽

부추 20g, 소금, 후춧가루

만드는 방법

1. 닭은 깨끗하게 손질한 후 씻는데, 마지막 헹굴 때는 쌀뜨물로 한다.
2. 베주머니에 유백피와 대추, 마늘, 대파, 생강을 넣는다.
3. 솥에 1과 2를 넣고 닭이 잠길 만큼 물을 붓고 끓인다. 끓어오르면 불을 줄여 40분 정도 더 끓인다.
4. 닭이 푹 무르면 건져 식힌다. 살을 발라 한입 크기로 찢어놓는다. 육수는 면보에 걸러놓는다.
5. 부추를 2cm 길이로 썬다.
6. 뚝배기에 4의 닭살과 육수를 넣고 끓이다가 부추, 소금, 후추를 넣고 그릇에 담아 낸다.

임금 林檎

治不睡多食則令人好睡

『동의보감』「본초」

잠을 자지 못하는 것을 치료한다. 많이 먹으면 잠을 잘 자게 한다.

Pkvan, Creative Commons

임금은 야생 사과나무의 열매로 우리나라를 비롯한 중국 등에 분포하는 낙엽활엽수다. '과일의 맛이 달아 새를 숲으로 불러올 수 있다'고 하여 '임금(林禽)'으로 불렸다고 한다.

고려 시대의 『계림유사(鷄林類事)』나 『고려도경』에 임금에 대한 기록이 있어 아마도 재배한 시기는 고려 시대 이전일 것으로 추정된다. 『훈몽자회(訓蒙字會)』에도 '금(禽)'을 속칭 '사과'라고 부른다고 기록되어 있다. 잎은 어긋나기로 자라며 계란 모양 또는 타원형이고, 꽃은 5월에 피는데 연한 홍색을 띤다.

맛은 시고 달며 성질은 따뜻하다. 소갈을 멈추게 하고 기를 내리며 곽란으로 아픈 배를 치료하고 잠이 잘 오게 한다. 임금으로 음식에 넣는 첨가물을 만들기도 하였는데 『본초강목』에 만드는 방법이 등장한다. 익은 임금을 항아리에 넣어 문드러지면 이것을 술에 담가 죽이 될 정도로 반죽한 다음 물을 부어 껍질과 씨를 걸러내고 습기를 제거한다. 이것을 햇볕에 말리고 가루를 내어 사용하는데, 음식에 넣으면 단맛과 신맛을 조절해준다고 소개하고 있다. 또한 햇볕에 말려 가루를 낸 후 물에 타 먹기도 한다.

임금차

재료 및 분량

임금 600g, 물

만드는 방법

1. 빨갛게 익은 임금을 흐르는 물에 깨끗이 씻어서 쪼개어 그 속의 씨와 꼭지를 제거한 다음 편으로 썬다. 이것을 햇볕에 말려 가루로 만든다.
2. 뜨거운 물 1컵에 임금가루 1/2큰술을 타서 따뜻하게 마신다.

임금 미숫가루

재료 및 분량

임금 600g, 쌀 2컵, 보리 2컵

만드는 방법

1. 잘 익은 임금을 깨끗이 씻어서 쪼개어 씨와 꼭지를 제거한 다음 편으로 썬다. 이것을 햇볕에 말려 가루로 만든다.
2. 쌀과 보리도 깨끗이 씻어 익도록 쪄내어 찬물에 헹군 다음 시루에 쪄낸다. 쌀과 보리를 각각 햇볕에 바싹 말려 빻아서 가루로 만든다.
3. 1의 임금가루, 2의 쌀과 보리 미숫가루를 컵에 담아 물을 넣어 마신다.

임금청

재료 및 분량

임금 500g, 꿀 400g, 레몬 50g, 시나몬 가루 1g

만드는 방법

1. 임금과 레몬은 얇게 편으로 썬다.
2. 큰 볼에 1의 임금과 레몬, 꿀, 시나몬 가루를 넣고 섞는다.
3. 중간에 다시 한번 섞어서 고르게 숙성되게 한다.
4. 하루 이틀 정도 지나면 사과에서 즙이 빠져나오는데, 3일 정도 숙성한다.
5. 숙성시킨 청을 뜨거운 물에 끓여 따뜻하게 마신다.

궐 蕨

食之令人多睡

『동의보감』「본초」

먹으면 사람으로 하여금 많이 자게 한다.

궐은 고사리의 어린잎을 말한다. 고사리는 세계적으로 가장 넓은 지역에 분포하는 다년생 양치류로 뿌리줄기가 1m 이상 땅속으로 자라면서 곳곳에서 잎이 올라온다. 잎자루는 20~80cm로 자라며 포자나 근경으로 번식한다.

『향약집성방(鄕藥集成方)』에는 고사리에 관한 설화가 등장한다. 어떤 사람이 산에서 가지를 부러뜨려 생으로 먹었는데 가슴이 메슥거리며 질병을 얻었다. 그러다 나중에 작은 뱀 한 마리를 토했다. 이것을 집 앞에 걸어놓았더니 점차 말라서 고사리가 되었다고 한다.

궐은 맛이 달고 성질이 차고 매끄러우며 독이 없다. 갑작스럽게 열이 오르는 것을 치료하고 오장을 보한다. 막힌 기운과 독기를 풀어주며 잠이 오게 한다. 오래 먹으면 눈이 어두워지고 코가 막히며, 머리카락이 빠지고 다리가 약해지니 조심해야 한다.

궐 뿌리를 끓인 물로 전신을 목욕하면 급성 혹은 만성 풍에 좋다. 『본초강목』에 먹는 방법이 나오는데 "고사리 줄기가 여릴 때 채취하여 잿물에 삶아 끈적이는 즙을 제거하고 햇볕에 말려 나물로 만든다. 뿌리 껍질 속에는 흰 가루가 있어서 질게 찧은 다음 두세 차례 물에 씻어서 가라앉힌 후 가루만 취해서 유밀과를 만들고, 물에 씻어낸 껍질로는 면발처럼 길게 만들어서 먹는다"라고 했다.

고사리찜

재료 및 분량

말린 고사리 50g, 들기름 2큰술

소고기 200g, 밀가루 2큰술, 물 2큰술

양념

다진 대파 1큰술, 다진 마늘 1큰술, 국간장 1큰술, 생강즙 1큰술, 후춧가루 1/4작은술

만드는 방법

1. 말린 고사리를 삶은 후 삶은 물에 하룻밤 우려낸 다음 흐르는 물에 깨끗이 씻어 5cm 길이로 자른다.
2. 1을 들기름을 두른 팬에서 볶는다.
3. 소고기를 다져서 준비된 양념으로 무친 다음 볶은 고사리를 합하여 볶는다.
4. 밀가루에 물을 넣어 밀가루 물을 만든다.
5. 3에 밀가루 물을 넣고 볶는다.

고사릿국

재료 및 분량

고사리 200g, 소고기 200g, 대파 1/2뿌리
쌀뜨물 10컵, 밀가루 1/2컵, 소금 1큰술

소고기 양념

국간장 3큰술, 참기름 2큰술, 다진 마늘 2큰술, 후춧가루 1/4작은술

만드는 방법

1. 고사리를 끓는 물에 데쳐서 찬물에 담가놓았다가 체에 밭쳐 물기를 뺀다.
2. 대파는 어슷어슷 썬다.
3. 소고기는 가로세로 2cm, 두께 0.5cm 정사각형으로 썰어 흐르는 물에 핏물을 씻어내고 체에 밭쳐서 물기를 뺀 후 준비된 소고기 양념으로 밑간을 한다.
4. 돌냄비에 참기름을 두르고 소고기를 볶는데, 절반쯤 익으면 1의 고사리를 함께 넣어 볶다가 쌀뜨물을 넣고 센 불에서 끓인다.
5. 밀가루를 물 1컵에 풀어서 4의 끓는 국에 저어가면서 조금씩 넣어주는데 덩어리지지 않도록 주의한다.
6. 국이 약간 걸쭉해지면 소금으로 간을 맞춘다.

조기 맑은국
고사리

재료 및 분량

조기 3마리, 말린 고사리 50g, 미나리 50g

육수 재료

소고기 양지머리 600g, 물 10컵, 대파 10뿌리
마늘 10알, 생강 1쪽, 청주 3큰술
국간장 3큰술, 소금 1큰술

만드는 방법

1. 조기의 비늘을 긁어내고 아가미 안으로 젓가락을 넣어 돌려가면서 내장을 빼낸 다음에 흐르는 물에 깨끗이 씻는다.
2. 마른 고사리를 삶아 그 물에 하룻밤 우려낸다. 건져서 찬물에 헹구어 4cm 길이로 썰어서 체에 밭쳐 물기를 제거한다.
3. 고사리에 육수 재료를 합하여 3시간 정도 뭉근한 불에서 끓인다.
4. 3에 조기와 2의 고사리 물을 넣고 다시 한번 끓여서 국간장과 소금으로 간을 한다.
5. 4가 거의 완성되었을 때 5cm 길이로 자른 미나리를 넣는다.

사삼 沙參

治多睡常欲眠煮服或作虀食之

『동의보감』「본초」

잠이 많고 늘 졸리는 것을 치료한다. 끓여서 먹거나 무쳐서 나물로 만들어 먹는다.

사삼은 잔대의 뿌리를 말한다. 중국에서는 잔대를 사삼으로 썼지만, 『동의보감』에서는 사삼을 더덕으로 활용하여 처방하기도 했다. 그래서 사삼이 더덕의 다른 이름으로 알려지기도 하지만 더덕이 사삼은 아니다. 사삼은 인삼(人參), 현삼(玄蔘), 단삼(丹參), 고삼(苦參)과 함께 오삼(五參)의 하나인데, 형태는 모두 다르지만 효능은 비슷하다.

peganum from Small Dole, England, Creative Commons

잔대는 한반도 전역에 분포하는 여러해살이풀로 햇볕이 잘 드는 모래땅에서 잘 자란다. 높이는 60~100cm이며 잎은 뾰족하고 길다. 꽃은 7~9월에 보라색 방울 모양으로 핀다. 뿌리는 적황색으로 가운데는 희다. 사용하는 부위는 뿌리인데 늦가을에 채취한 하얗고 견실한 것을 수염뿌리를 제거하고 겉면을 긁어낸 후 햇볕에 말리거나 불에 쬐어 말려서 사용한다.

맛이 쓰고 성질은 약간 차며 무독하다. 혈이 쌓여 나타나는 경기를 치료하고 담을 없애며 폐를 깨끗하게 하고 마른기침, 가래, 해수, 천식을 그치게 한다. 비위를 보하고 나쁜 기운으로 일어나는 두통을 치료하며 오장을 편안하게 한다. 오래 복용하면 좋다.

인삼과 효능이 비슷하다고 하나 인삼은 맛이 달고 쓰며 성질이 따뜻하여 오장의 양을 보하고, 사삼은 맛이 달고 담박하면서 성질이 차서 오장의 음을 보한다.

사삼무침

재료 및 분량

사삼 200g, 대추 10알, 밤 5알

양념장

고추장 2큰술, 고춧가루 2작은술, 식초 1큰술
조청 1큰술, 다진 마늘 1큰술
볶은 참깨 1큰술, 참기름 1큰술

만드는 방법

1. 사삼은 깨끗이 씻어 껍질을 벗긴 후 먹기 좋은 크기로 자른다.
2. 대추는 씨를 제거하고 얇게 채 썬다.
3. 밤은 껍데기를 제거하고 채 썬다.
4. 볼에 2, 3을 넣고 양념장을 합하여 버무린다.
5. 4에 1의 사삼을 넣고 참깨, 참기름을 넣고 버무린다.

사삼정과

재료 및 분량

사삼 1kg, 꿀 5컵

만드는 방법

1. 사삼을 깨끗이 씻어 껍질을 제거한다.
2. 돌솥에 사삼을 넣어 잠길 만큼 물을 부어 끓인다. 끓어오르면 뭉근한 불에서 조린다.
3. 사삼이 부드러워지면 꿀을 넣고 더 조린다.
4. 사삼이 노릇노릇해질 때까지 조려지면 체에 밭쳐 여분의 꿀물을 제거한다.
5. 4를 채반에 담아 서늘한 곳에서 말린다.

사삼 찹쌀튀김

재료 및 분량

사삼 200g
찹쌀가루 1/4컵
식용유, 꿀 1/4컵

만드는 방법

1. 사삼을 깨끗이 씻어 꾸덕꾸덕 말린다.
2. 말린 사삼을 밀대(홍두깨)로 살살 굴려 얇게 펴준다.
3. 얇게 편 사삼에 찹쌀가루를 묻히고 기름에 튀긴다. 체에 올려 기름을 뺀다.
4. 튀겨진 사삼에 꿀을 얇게 바른다.

차 茶

令人少睡溫服除好睡

『동의보감』「본초」

사람으로 하여금 잠이 덜 오게 한다.
따뜻하게 하여 먹으면 잠자는 것이 적어진다.

차는 우리나라 남부 지방을 비롯하여 일본, 중국, 인도 등에 분포하는 상록활엽 관목이다. 높이는 4~8m까지 자라며, 잎은 어긋나기로 나고 긴 타원형이다. 꽃은 8~11월에 피며 흰색이고 향기가 있다. 열매는 꽃이 진 자리에서 1년 정도 성장하여 다음 해 8~11월이 되면 갈색으로 익고 저절로 터진다.

우리나라에는 통일신라 때 당나라에 사신으로 간 김대렴이 차나무의 종자를 가지고 와서 지리산에 심은 것이 시초로 지금도 쌍계사 주변에는 야생 차나무가 있다.

잎을 채취하여 차를 만들어 마시는데 보통 심은 지 3년 후부터 잎을 채취할 수 있다. 청명, 곡우 때 가지 끝에 나오는 눈엽을 채취한 것이 가장 좋다.

맛은 쓰고 달며 성질은 약간 차고 독이 없다. 성질이 차가워서 화를 잘 내리고 쓴맛으로 머리의 열을 쓸어내려 정신을 진작시키고 잠을 몰아내며 갈증을 풀어준다. 기를 내려 음식을 소화시킨다. 오래 먹으면 지방을 제거하여 몸이 야위게 된다. 기가 허하거나 혈이 약한 사람이 오래 마시면 원기가 손상되어 배가 아프거나 설사를 하는 등 내상이 발생할 수 있다. 차는 뜨겁게 마시는 것이 좋다.

작설차

재료 및 분량

작설차 1작은술, 생강 1쪽, 물 1컵, 꿀

1. 생강은 껍질을 제거하고 편으로 썬다.
2. 냄비에 생강과 물 5컵을 부어 뭉근한 불에서 끓인다.
3. 생강이 우러나면 불에서 내려 물의 온도가 80도 정도 되었을 때 작설차를 넣는다.
4. 우려낸 차에 기호에 따라 꿀을 넣어 마신다.

차나물

재료 및 분량

우려낸 작설차 잎 100g

양념

고춧가루 2작은술, 소금 1작은술, 참기름 1/2큰술, 깨소금 1큰술

만드는 방법

1. 우려내고 남은 작설차 잎을 준비한다.
2. 작설차 잎에 준비된 양념을 넣고 조물조물 무친다.
3. 나물을 그릇에 담고 깨를 뿌린다.

고채와 고거

苦菜、苦苣

皆令不睡久食之少睡

「동의보감」「본초」

잠이 오지 않게 한다. 오래 먹으면
잠이 적어진다.

Qwert1234, Creative Commons

Dalgial, Creative Commons

고채(苦菜)는 씀바귀를, 고거(苦苣)는 고들빼기를 말한다. 꽃 색깔과 전체적인 모습이 거의 비슷해서 구분이 어렵지만 자세히 보면 꽃과 잎의 생김이 다르다.

고채는 우리나라와 일본에 분포하는 국화과의 여러해살이풀이다. 높이는 25~30cm 정도 자라며 잎은 긴 타원형의 들쑥날쑥한 모양으로 땅에 붙어서 돌려나기 한다. 꽃은 5~7월에 황색 또는 백색으로 피고 종자에는 털이 있어 바람에 날려 전파된다. 〈농가월령가〉 이월령(二月令) 중에 '고들빼기 씀바귀'가 등장하듯 봄에 캐어 먹는 나물이다. 조선 후기 여항 시인 조수삼의 시에도 등장한다. 씀바귀는 쓴맛이 강하며 성질은 차갑고 독이 없다. 나물로 무쳐서 늘 먹을 수 있는데 오래 먹으면 마음을 편안하게 하고 기운이 나며 귀와 눈이 밝아지고 잠을 적게 잘 수 있다. 잎줄기를 자르면 나오는 흰 즙을 사마귀에 바르면 사마귀가 떨어진다. 치질에도 씀바귀를 끓여 김을 쐰 후 그 물로 씻으면 좋다.

고거는 국화과에 속하는 두해살이풀로 어디서든지 잘 자라며 뿌리는 하나로 가늘고 길다. 어릴 때는 전체를 먹고 다 자라면 뿌리만 먹는다. 『동의보감』에는 '야거(野苣)' 혹은 '편거(褊苣)'라 한다고 했는데, 『향약집성방』에는 '고들빼기'로 표기되어 있다. 맛은 맵고 성질은 차갑다. 독이 없고 열을 없애주므로 오장의 나쁜 기운을 다스려준다. 얼굴과 눈과 혀 아래 황달을 없애고, 힘을 키우며, 잠이 오지 않게 한다. 오래 먹으면 몸이 가볍고 잠이 줄며 노화를 방지한다. 날로 찧은 생즙을 마시면 아주 차갑지만 사람 몸에 이롭다.

낙지 초무침 고채

재료 및 분량

고채 40g, 낙지 2마리, 배 1개, 쪽파 3뿌리

양념장

고추장 2큰술, 고춧가루 1큰술, 설탕 1큰술
다진 마늘 1큰술, 식초 2작은술, 참기름 1큰술
통깨 1큰술, 소금

만드는 방법

1. 고채를 잔뿌리를 다듬은 후 씻어서 끓는 물에 약간의 소금을 넣고 데친다. 찬물에 헹궈낸 후 쌀뜨물에 담가 쓴맛을 우려낸다.
2. 낙지는 머리를 뒤집어 내장을 제거한 후 소금으로 문질러서 흐르는 물에 씻는다. 끓는 물에 1분 정도 살짝 데쳐서 식힌다. 식으면 2~3cm 길이로 썬다.
3. 배는 껍질을 제거하고 4cm 길이로 채 썬다.
4. 쪽파는 손질하여 4cm 길이로 썬다.
5. 준비된 양념을 합해 양념장을 만든다.
6. 넓은 볼에 고채와 낙지, 배와 쪽파를 넣고 양념장에 골고루 버무린다.
7. 양념장이 잘 배어들면 접시에 담아 통깨를 뿌린다.

소고기 편채

고거

재료 및 분량

고거 40g, 소고기(불고기용) 300g, 배 1/2개
밤 3알, 대추 3알, 찹쌀가루 10g, 참기름, 소금
쌀뜨물 1컵

소고기 양념장

양조간장 2큰술, 설탕 1큰술, 배즙 1작은술
생강즙 1/2작은술, 청주 1작은술, 다진 마늘
후춧가루, 참기름

겨자장

겨자 가루 1큰술, 따뜻한 물 1큰술, 식초 2큰술
설탕 1큰술, 소금 1/3 작은술

만드는 방법

1. 고거는 잔뿌리를 다듬어 씻어서 끓는 물에 소금을 넣고 데친다. 찬물에 헹궈낸 후 쌀뜨물에 우려서 쓴맛을 없앤다.
2. 볼에 준비된 양념을 합해 소고기 양념장을 만든다.
3. 소고기 양념장에 소고기를 30분 정도 재운 다음 채반에 건져 물기를 키친타올로 닦아낸다. 소고기를 낱개로 집어 찹쌀가루를 묻히고 기름 두른 팬에 지져낸다.
4. 겨자 가루에 따뜻한 물을 섞어서 발효시킨 후 식초, 설탕, 소금을 넣고 풀어놓는다.
5. 배의 껍질을 제거하고 3cm 길이로 채 썬다.
6. 밤도 채 썬다.
7. 고거에 물기를 제거한 후 참기름과 소금을 넣고 버무려놓는다.
8. 3의 소고기를 펴서 깔고 배, 밤, 고거를 넣고 돌돌 만다.
9. 접시에 담아 겨자장을 곁들인다.

초결명자

草決明子

久服令人不睡

『동의보감』「본초」

오랫동안 먹으면 사람으로 하여금
잠이 오지 않게 한다.

결명(草明)은 눈을 밝게 하는 효능이 있다 하여 붙여진 이름이다. 같은 이름의 약재로 식물성과 동물성이 있는데, 선조들은 동물성 전복껍질인 석결명과 구분해 초결명이라고 불렀다. 『본초강목』에서는 초결명의 종류를 마제결명과 강망결명으로 나누고 있다.

초결명은 콩과의 한해살이풀로 민가 부근에 많이 나며 높이는 1.5m 정도이다. 잎은 어긋나 있으며 꽃은 6~8월에 노란색으로 핀다. 열매는 꼬투리가 말굽같이 굽은 모양으로 9~10월에 채취한다. 봄에 줄기와 잎을 나물로 먹으며 주로 쓰이는 것은 열매인데 대체로 볶아서 사용한다.

맛은 쓰고 달며 성질은 차고 독이 없다. 차를 내어 먹거나 가루로 먹는데 간의 기운을 북돋우며 각성 효과도 있어 잠이 오지 않게 한다. 시력이 점차 떨어져 시력을 잃는 증상, 눈에 붉거나 흰 막이 생기는 증상, 눈이 충혈되고 아프며 눈물이 나오는 증상 등 안질에 특히 효과가 있다. 오랫동안 복용하면 정기를 충만하게 하고 눈을 밝게 하며 몸을 가볍게 한다. 베개를 만들어 쓰면 두통을 치료하고 눈을 밝게 하는 것이 검은콩보다 뛰어나다.

Dinesh Valke, Creative Commons

결명자 이숙탕

재료 및 분량

결명자 10g, 물 5컵, 배 1개, 생강 2쪽, 꿀 2큰술, 잣 약간

1. 배의 껍질을 벗기고 한입 크기로 토막을 내서 모서리를 다듬는다.
2. 껍질 벗긴 생강은 얇게 편으로 썬다.
3. 돌솥에 1, 2와 물 5컵을 합하여 끓인다.
4. 3의 배가 익으면 꿀을 넣고 뭉근한 불에서 조리는데, 물이 반으로 줄어들면 결명자를 넣는다. 한소끔 끓으면 건더기를 건져내고 그릇에 담아 잣을 띄운다.

초결명자죽

재료 및 분량

결명자 1큰술, 멥쌀 1컵, 물 6컵, 참기름 1큰술, 소금 1작은술

만드는 방법

1. 결명자는 씻어 건져서 시루에 담아 쪄낸 다음 채반에 펼쳐서 햇볕에 말린다. 이렇게 9번을 반복하여 가루를 만든다.
2. 멥쌀은 깨끗이 씻어 3시간 이상 불린 후 체에 밭쳐 물기를 뺀 후 찧어 싸라기를 만든다.
3. 돌솥에 참기름을 두르고 2를 넣고 볶는다.
4. 3에 물을 붓고 끓인다. 끓어오르면 1을 넣고 뭉근한 불에서 퍼질 때까지 끓인다.
5. 소금으로 간을 한다.

초결명자 가루

재료 및 분량

결명자 480g(2컵)

만드는 방법

1. 결명자는 씻어 건져서 시루에 담아 쪄낸 다음 채반에 펼쳐서 햇볕에 말린다. 이렇게 9번을 반복한다.
2. 1을 절구에 담아 곱게 빻는다.
3. 8g씩 하루에 1회 물과 함께 먹는다.

허준은 혈병(血病)이 생기는 원인으로 세 가지를 들었다. 첫째는 열 때문에 혈이 상하는 경우이고, 둘째는 기쁨, 분노, 고통, 근심, 슬픔, 놀람, 두려움 등 칠정(七情)이 지나쳐 혈을 상하게 하는 경우이다. 셋째는 무절제한 생활로 몸속이 상하는 경우이다. 몹시 화를 내면 기가 막히고 간이 상하여 혈을 저장하지 못하므로 피가 갈 곳이 없어져 위로 몰린다. 또 지나치게 기뻐하면 심장이 동하여 상하고, 기가 처져 아래로 내려가므로 피를 잘 만들지도 내보내지도 못한다.

3부

목소리를 맑게 하는 음식

『동의보감』의 단방에서 다룬 '성음(聲音)'에서는 기침과 가래 혹은 기타 증상으로 인해 목소리가 고르지 못한 증상과 목 안이 건조해지는 증상 등을 치료한다. 3부에서는 석창포, 계심, 귤피, 배, 건시, 참기름, 계란을 한방 재료로 찬품을 만들어보았다. 어디서나 쉽게 구할 수 있는 생약 재료이다.

풍한[風寒, 찬바람]에 노출되어 갑자기 말을 못 하고 목소리가 쉬었을 때 쓰이는 한방약으로 형소탕(荊蘇湯)을 소개한다.

형소탕 석창포 4g, 형개 4g, 소엽 4g, 목통 4g, 귤홍 4g, 당귀 4g, 매운 계피 4g

* 위 재료를 합하여 달여 복용하면 목을 보하여 목소리를 맑게 할 수 있다.

석창포 石菖蒲

出音聲煎服或末服並佳

『동의보감』「본초」

음성을 나오게 한다. 달여 먹거나 가루로 먹는 것 모두 좋다.

David Stang, Creative Commons

석창포는 우리나라 남부 지방 등에서 잘 자라는 여러해살이풀이다. 보통 창포와 혼돈하기 쉬운데 창포는 석창포보다 크며 입도 길고 잎의 가운데가 볼록 솟아 있으며 뿌리줄기의 마디 사이도 넓다.

잎의 길이는 30~50cm이고 뿌리줄기 부근에서 모여 난다. 꽃대는 삼각형 비슷하게 올라오고 그 끝에 꽃이 이삭처럼 달리는데 6~7월 사이에 피며 연한 황색이다. 뿌리줄기는 옆으로 뻗고 마디가 있으며 아래 부분에 수염뿌리가 있다. 독특한 향기가 있다.

약재로 사용하는 부위는 뿌리줄기로 『향약집성방』에는 음력 8월에 뿌리를 캐어 그늘에서 말려 적당량을 미감수 쌀뜨물에 담갔다가 참대칼로 검은 껍질을 긁어내어 사용한다고 했다.

맛이 맵고 성질은 따뜻하며 독이 없다. 『동의보감』에는 몸을 가볍게 하고 늙지 않고 오래 살게 한다고 했다. 건망증을 치료하여 머리를 좋게 한다고도 했다. 또 음성을 잘 나오게 한다. 『본초강목』에는 풍한과 풍습을 치료하는데, 관절에 스며들어 매끄럽게 하는 효과가 있다고 하여 선약(仙藥)이라고 일컬었다.

뿌리줄기를 쌀뜨물에 담갔다가 볕에 말린 후 가루를 내어 환을 만들어 먹거나, 가루를 술이나 미음과 함께 먹는다. 또는 달여 먹거나 누룩과 섞어 술을 빚어 먹는다.

석창포죽

재료 및 분량

찹쌀 1컵, 석창포 가루 3큰술, 소금 1큰술, 물 6컵

만드는 방법

1. 석창포는 말려서 가루를 낸다.
2. 찹쌀은 3시간 이상 불린 후 소쿠리에 건져 물기를 빼놓는다.
3. 돌솥에 찹쌀을 넣고 물을 부어 끓인다. 끓어오르면 눌어붙지 않도록 저어준다.
4. 석창포 가루를 물에 풀어서 3에 넣고 뭉근한 불에서 나무 주걱으로 저어주면서 끓인다.
5. 쌀이 다 퍼졌으면 소금을 넣어 간을 맞춘다.
   약간의 쓴맛이 나면 꿀을 조금 넣어도 좋다.

석창포 밀전병

재료 및 분량

밀가루 1/2컵, 석창포 가루 2큰술
표고버섯 3개, 소고기 300g, 당근 1/3개
호박 1/2개, 계란 2개, 물 1컵, 식용유 3큰술
천일염 1/2작은술

양념

진간장 1작은술, 설탕 1/2작은술, 참기름 1작은술, 후춧가루 조금, 깨소금 1/2작은술
다진 마늘 1/2작은술, 대파 1작은술

겨자장

겨자 가루 1큰술, 따뜻한 물 1큰술
식초 1작은술, 진간장 1/2작은술

만드는 방법

1. 밀가루에 석창포 가루와 물, 소금을 넣어 묽게 반죽한다.
2. 팬에 기름을 조금 두르고 1을 한 수저씩 떠 넣어 얇고 둥글게 부친다.
3. 계란은 노른자와 흰자를 분리해서 지단으로 부쳐 잘게 채 썬다.
4. 표고버섯과 소고기도 채 썰어 준비된 양념을 넣어 볶고 당근, 호박도 각각 채 썰어 볶는다.
5. 겨자 가루에 따뜻한 물을 섞어서 발효시킨 후 식초와 진간장을 넣고 섞는다.
6. 2의 밀전병에 3과 4의 소를 넣어 싸서 접시에 담고 5의 겨자장을 곁들인다.

*
겨자의 맛을 진하게 하려면 겨자 가루 1스푼에 뜨거운 물 1스푼을 넣고 개어
뚜껑을 덮은 채 한 시간 동안 숙성시킨다.

계심 桂心

계심은 계수나무의 겉껍질과 내피의 외부 부분을 벗기고 말린 것을 말한다.

Tortie tude, Creative Commons

계수나무는 중국과 일본이 원산지인 낙엽활엽 교목이다. 높이는 25~30m 정도이고, 지름은 1~2m가량 된다. 잎은 마주나기 한 하트 모양으로 가을 단풍이 매우 아름답다. 꽃은 암꽃과 수꽃이 다른 나무에서 피는 자웅이주로 황백색 또는 연노랑색이며, 5월경에 잎보다 먼저 핀다. 아름다운 단풍과 나무에서 나는 달콤한 향기 때문에 관상용으로도 식재되고 있다. 계수나무의 목재 부분은 다양한 이름으로 불리는데, 계피는 나무의 겉껍질을 함께 말린 것이고 육계는 껍질을 벗기고 말린 것이다. 계지는 계수나무의 잔가지를 말하며 유계는 어리고 작은 가지를 말한다.

계심의 맛은 달고 매우며 성질은 뜨겁고 독은 조금 있으며 특유한 향이 있다. 『동의보감』에는 찬 기운이 들어오거나 목이 아파 목소리가 나오지 않는 것을 치료하며, 산후 아프고 답답한 증상에도 사용한다고 소개한다. 『본초정화』에는 복부의 냉기로 인한 참을 수 없는 통증, 치밀어 오르는 기침, 다리가 저리고 감각이 무딘 증상에 사용한다고 기록되어 있다.

곱게 가루를 내어 사용하거나 술과 함께 달여 사용한다.

治感寒失音取細末含之嚥汁
咽喉痒痛失音不語桂心杏仁各一兩爲末蜜丸櫻桃大綿裏含化嚥汁

『동의보감』「본초」

추위로 인한 병으로 목소리 잃은 것을 치료한다.
고운 계심 가루를 머금은 후 즙과 함께 삼킨다.
인후가 가렵고 통증이 있으며 목이 쉬어 말을 못하는 데는 계심과 살구씨 각각 1냥씩을 가루 내어 꿀에 반죽하여 앵두만 하게 환을 만들어 솜에 싸서 입에 물고 녹여 즙을 삼킨다.

계심죽

재료 및 분량

계심 10g, 물 6컵, 찹쌀 1컵(5인분)
된장 1큰술, 물 2컵
두부 1/2모, 참기름 1작은술, 소금 1/2작은술

만드는 방법

1. 돌솥에 계심과 물을 넣고 달여 6컵의 물이 4컵 정도로 줄면 물을 밭쳐놓는다.
2. 찹쌀은 깨끗이 씻어서 3시간 정도 불린 후 체에 건져 둔다.
3. 1의 계심 물을 2의 찹쌀에 넣어 쌀이 익을 때까지 끓인다.
4. 된장을 물 2컵에 풀어서 체에 밭친다. 이 된장 국물을 3에 넣고 쌀알이 퍼질 때까지 뭉근하게 끓인다.
5. 두부는 으깨어 참기름과 소금으로 밑간을 하여 주물러 4의 죽에 넣는다. 잘 저어 충분히 퍼지면 간을 맞추어 그릇에 담는다.

*
계심 특유의 향이 된장, 두부와 어우러져 풍미를 낸다.

게피 게장

재료 및 분량

꽃게 5마리
배 1/2개, 사과 1/2개, 대추 5알

간장 양념
진간장 4컵, 소주 1컵, 계피 20g
통후추 1작은술

마무리 양념
대파 3뿌리, 마늘 10알, 건고추 5개

만드는 방법

1. 게는 흐르는 물에 솔로 문질러 깨끗이 손질하여 소쿠리에 담아 물기를 뺀다.
2. 대파는 뿌리째 깨끗이 씻어서 흰 부분만 반토막 내고, 마늘은 편으로 썰고, 건고추도 반으로 자른다.
3. 사과와 배는 씨를 발라내어 3쪽씩 썰고 대추는 이쑤시개로 구멍을 낸다.
4. 통에 게를 담고 그 위에 2, 3과 간장 양념을 만들어 붓는다.
5. 4를 냉장고에 넣는다. 3일 후 간장 국물만 따라내고 끓여서 식힌 다음 통에 다시 붓는다.
6. 상에 낼 때 마무리 양념을 얇게 저미거나 채 썰어 곁들여 넣는다.

*
오랫동안 두고 먹으려면 게를 건져 냉동 보관한다. 먹기 전에 꺼내 해동시켜 먹으면
짜지 않고 처음의 맛을 유지할 수 있다.

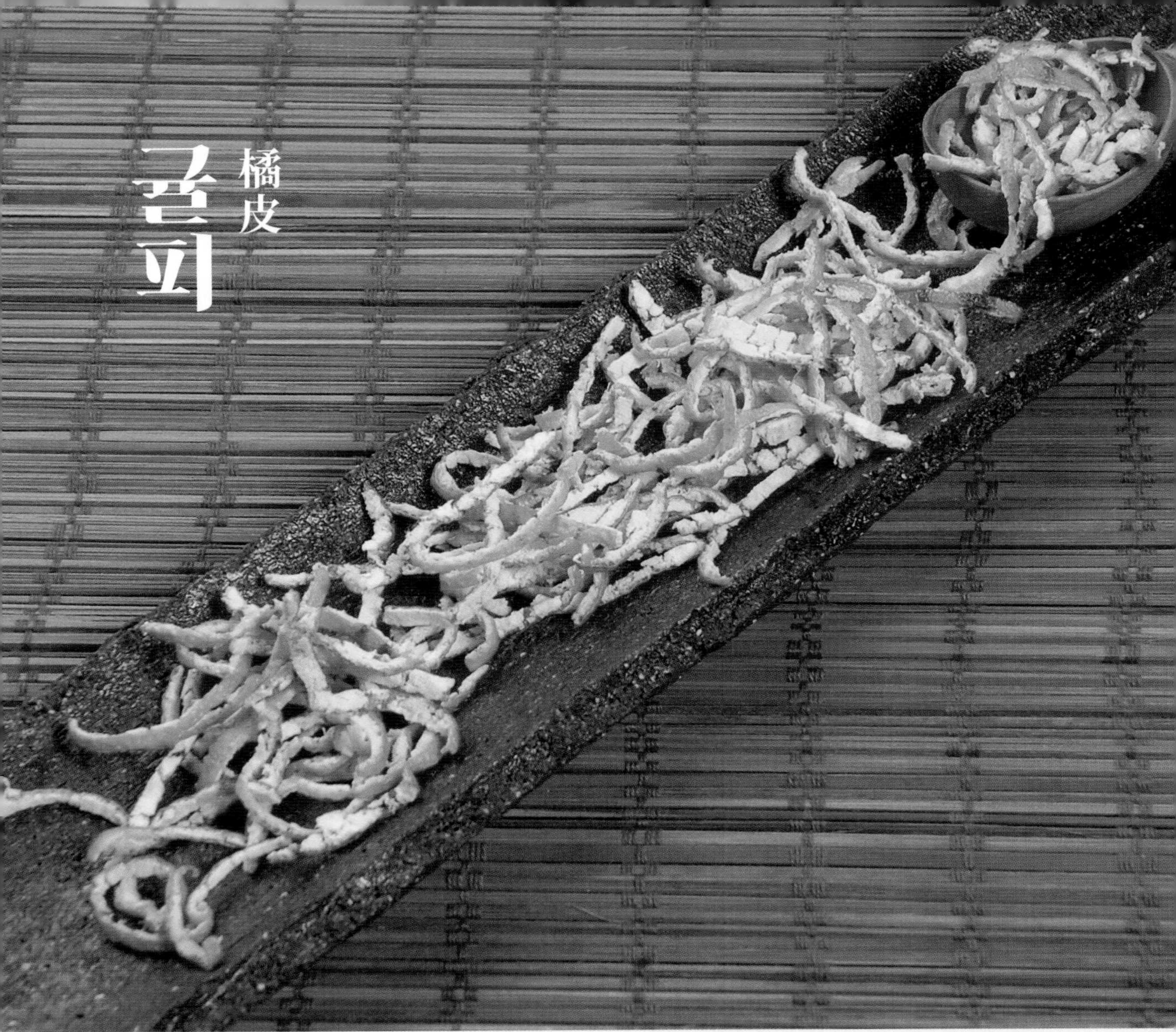

治卒失聲聲不出橘皮濃煮取汁頻服

『동의보감』「본초」

갑자기 목이 메어 소리가 나오지 않는 것을 치료한다.
귤피를 진하게 달여 자주 마신다.

귤피는 귤나무 열매의 껍질을 말한다.

귤의 원산지는 인도와 미안먀 등지라고 알려져 있으며 우리나라에는 중국을 통해 들어왔다. 언제 전래되었는지 정확한 기록은 없으나 『고려사(高麗史)』에 탐라에서 공물로 귤을 바쳤다는 기록이 있는 것으로 보아 고려 시대 이전에 전래된 것으로 보인다. 조선 시대에 귤은 진상품으로 귀하게 여겼으며 약용으로 쓰였음은 물론 제사나 접빈상에도 올랐다.

귤나무는 상록활엽 소교목에 속하며 높이는 5m 정도 자라고 잎은 어긋나기로 난다. 꽃은 하얀색으로 6월에 피며 하나씩 달리는데, 향기가 짙다. 열매는 10월부터 다음해 1월까지 수확한다. 귤껍질을 부르는 이름도 다양한데 푸른색의 덜 익은 귤의 껍질은 청피, 금방 말린 귤껍질은 귤피, 귤껍질을 말려서 오래되면 진피, 안쪽의 흰 부분을 제거한 것을 귤홍이라고 부르며, 약재로 사용할 때는 병질에 따라 다르게 택한다.

맛은 쓰고 매우며 성질은 따뜻하고 독이 없다. 갑자기 목소리가 나오지 않거나 음식이 잘 소화되지 않을 때, 기침이 나고 기가 치밀어 올라 가슴이 답답할 때 진하게 달여 먹거나 가루를 내어 먹는다.

손발이 싸늘하거나 딸꾹질을 할 때도 귤피탕을 끓여서 복용한다. 『본초강목』에는 오래 복용하면 목이 가벼워지고 오래 산다고 했다.

단, 귤피는 진기를 흩을 수 있으므로 기가 허한 사람이나 위가 안 좋은 사람은 쓰지 말아야 한다.

연근초절임

귤피

재료 및 분량

연근 1개, 노란색과 빨간색 파프리카 1개씩, 오이 1개 팽이버섯 1/2봉지 새순 잎 1팩, 귤피 10g 치자 1개

초절임 물

귤피와 치자 우려낸 물 2컵 소금 1작은술, 식초 1큰술 설탕 1큰술

귤피 겨자장

겨자 가루 1큰술, 소금 1/2작은술 설탕 1작은술, 식초 1큰술 귤피 물 2큰술

1. 연근은 껍질을 벗겨 얇게 저며 초절임 물에 담가 손으로 만져봐서 연근이 말랑해질 때까지 1~2시간 정도 절인다.
2. 오이는 돌려 깎아 채 썰고 파프리카도 채로 써는데 모든 길이는 연근 길이에 맞춘다.
3. 팽이버섯은 밑동을 잘라내어 같은 길이로 자르고 새순 잎은 물에 담갔다 건져둔다.
4. 절여진 연근을 건져 물기를 뺀다.
5. 준비한 재료로 귤피 겨자장을 만든다.
6. 절인 연근과 야채를 접시에 돌려 담는다. 먹을 때는 연근에 야채를 얹어 겨자장에 찍어 먹는다.

*
생팽이버섯이 부담스러우면 살짝 데쳐 사용해도 된다.

귤피 북엇국

재료 및 분량

북어 1마리, 새우액젓 1큰술, 참기름 1큰술, 두부 1/2모
다진 마늘 1큰술, 대파 1/2뿌리, 후춧가루 1/4작은술 , 소금 약간, 계란 1개

귤피 육수

북어 머리, 귤피 40g, 대파 1/2뿌리, 물 10컵

만드는 방법

1. 북어는 씻어서 지느러미와 머리는 잘라내고 먹기 좋은 크기로 토막 낸다. 머리는 육수 낼 때 사용한다.
2. 1의 북어 머리에 준비한 귤피 육수 재료를 합해 끓여서 육수를 만든다.
3. 참기름에 1의 북어를 볶다가 2의 육수를 붓고 다진 마늘과 새우액젓으로 간을 한다.
4. 끓으면 깍둑썰기한 두부와 어슷어슷 썬 파를 넣고 후추와 소금으로 간을 맞춘다.
5. 계란은 풀어서 위에 살짝 돌려 붓고 국이 끓어오르면 불을 끈다.
   계란을 풀어서 국에 넣을 때는 젓지 않아야 계란이 엉겨붙으면서 국물이 탁하지 않고 깔끔하다.

배 梨

主中風失音不語生擣取汁每服一合日再

『동의보감』「본초」

중풍으로 인해 목이 쉬어 말을 하지 못할 때 주로 쓰이는데
생것을 취하여 찧어 즙을 내어 한 번에 한 홉씩 하루에 두 번 복용한다.

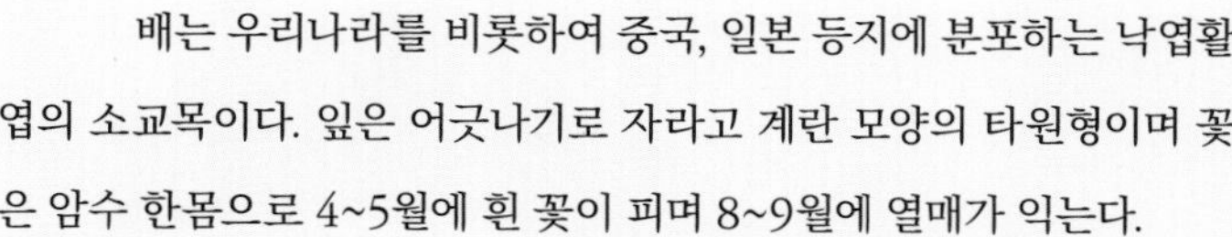

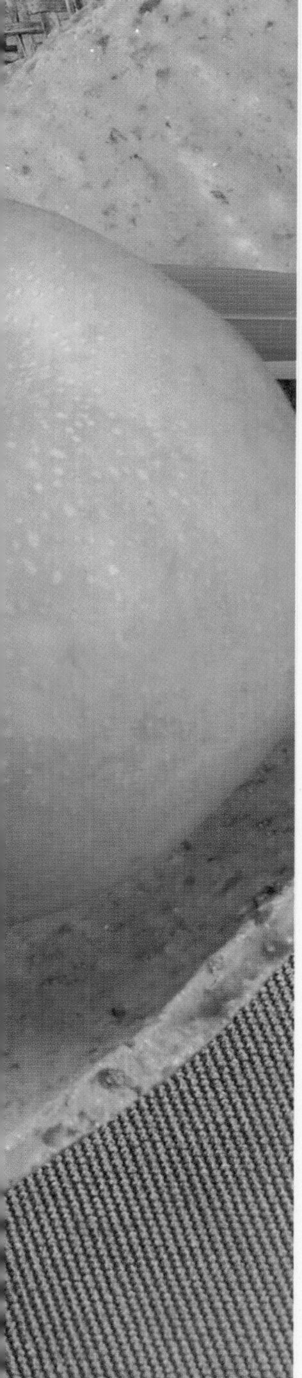

배는 우리나라를 비롯하여 중국, 일본 등지에 분포하는 낙엽활엽의 소교목이다. 잎은 어긋나기로 자라고 계란 모양의 타원형이며 꽃은 암수 한몸으로 4~5월에 흰 꽃이 피며 8~9월에 열매가 익는다.

배의 종류는 매우 많다. 『본초강목』에는 청색, 황색, 홍색, 자색 네 가지가 있다고 하였으며, 유리, 아리, 소리, 어아리, 청피리, 조곡리, 반근리, 사미리 등이 있는데, 그 중 유리, 아리, 소리만이 병을 치료할 수 있는 배라고 했다.

맛이 달고 약간 시며, 성질은 차갑다. 배는 풍열을 치료하고 폐를 윤택하게 하며 담을 삭이고 화를 내리며 독을 풀어주는 효능이 있다. 목소리가 나오지 않는 증상에는 배즙을 복용하고 눈병이 생기면 배즙에 황련을 담가 그 약을 눈에 넣어준다. 술독으로 인한 갈증에도 좋다. 이렇듯 이로움은 많으나 많이 먹지는 말아야 한다. 또한 게와 함께 먹어서는 안 된다.

배 과일 수프

재료 및 분량

배 1개, 사과 1개, 복숭아 1개, 물 6컵, 계피 30g, 생강 20g, 꿀 5큰술, 소금 약간

만드는 방법

1. 과일은 깍둑썰기하고 생강은 편으로 썬다.
2. 냄비에 물 6컵을 담고 계피와 생강을 넣어 먼저 30분 정도 끓인다.
3. 2의 우려낸 물에 과일을 넣고 20분 동안 끓이다가 소금과 꿀을 넣어 맛을 낸다.

*
과음으로 인한 위장 장애에는 배 과일 수프를 따뜻하게 해서 먹으면 좋다.

배김치

재료 및 분량

백오이 3개, 배 2개, 깐 밤 1컵
양파 1/2개, 쪽파 2뿌리, 대파 1뿌리

양념

다진 마늘 1/2큰술, 멸치액젓 3큰술, 고춧가루 2큰술
생강즙 1작은술

만드는 방법

1. 백오이는 소금으로 문질러 가시를 제거하고 물에 씻어 나박썰기한다.
2. 배는 껍질과 씨를 제거하여 오이와 같이 나박썰기한다.
3. 양파는 채 썰고 실파는 3cm 길이로 썰며 대파는 어슷어슷 썰고 밤은 편으로 썬다.
4. 그릇에 양념을 넣고 섞은 다음 1, 2, 3을 넣고 버무린다.

*
오이는 풍부한 수분과 칼륨이 있어 갈증을 해소하고 체내 노폐물을 배출한다.
당분이 있는 배와 잘 어울린다.

건시 乾柹

潤聲喉可水漬常服之

『동의보감』「본초」

음성과 인후를 윤택하게 한다.
물에 담가 수시로 만들어 항상 먹는다.

Downtowngal, Creative Commons

건시는 감나무 열매를 말린 곶감을 말한다.

감나무는 우리나라를 비롯하여 중국, 일본 등지에 분포하는 낙엽활엽 교목이다. 잎은 어긋나기 하며 두껍고 모양은 타원형 혹은 계란 모양이다. 꽃은 5~6월에 피고 황백색이다. 열매는 9~10월에 열리는데 덜 익은 열매로 염색을 하기도 하고 식초를 담기도 한다.

『향약집성방』, 『본초강목』, 『동의보감』에는 감나무가 일곱 가지 좋은 점이 있다고 칭찬하는데 "첫째는 오래 사는 것이고, 둘째는 그늘이 많은 것이며, 셋째는 새 둥지가 없는 것이고, 넷째는 좀벌레가 없으며, 다섯째는 서리 맞은 잎이 예쁘고, 여섯째는 열매가 아름다운 것이며, 일곱째는 낙엽이 커서 글을 쓸 수 있다"는 것이다.

감은 처음에는 녹색을 띠며 떫은맛이 나다가 익으면 붉어지면서 떫은맛이 저절로 없어진다. 덜 익은 감을 그릇에 두고 저절로 붉게 익힌 것을 홍시(洪柹)라고 하며, 나무에서 저절로 익은 것을 연시(軟柹)라고 한다. 붉은색 과일이라서 우심(牛心), 홍주(紅珠)라고도 부른다. 볕에 말린 것은 백시(白柿)라고 하고, 불에 말린 것은 오시(烏柿)라고 한다. 백시 껍질 위에 두텁게 맺힌 하얀 것을 시상(柿霜)이라고 한다.

감나무는 여러 부위가 약용으로 쓰인다. 감꼭지는 구토를 멈추게 하고, 감나무 뿌리는 지혈에 효능이 있다. 목피는 화상을 치료하고, 잎은 내장의 출혈을 치료한다. 감꽃도 약으로 사용하는데, 감꽃을 말려서 분말을 만든 후 두창이나 궤양이 생긴 환부에 붙인다.

건시는 맛이 달고 성질은 차며 독이 없다. 장과 비위를 튼튼하게 하고 얼굴의 기미와 배 속의 묵은 피를 없앤다. 성대를 촉촉하게 하여 목소리를 윤택하게 한다.

먹는 방법은 달여 먹거나 술에 담가 먹기도 하며, 찧어서 환으로 만들어 복용한다.

건시 탕수육

재료 및 분량

건시 5개, 찹쌀가루 3큰술, 식용유
양파 1/4개, 붉은색 파프리카 1/4개
노란색 파프피카 1/4개

양념

설탕 1큰술, 식초 1큰술, 물 1/2컵
감자가루 1큰술, 비트 1조각, 소금 약간

만드는 방법

1. 건시는 4등분하여 찹쌀가루 옷을 입혀서 튀겨낸다.
2. 파프리카와 양파도 같은 크기로 썬다.
3. 양념 재료인 물, 식초, 설탕을 합하고 비트 조각을 넣어 끓인다. 끓으면 파프리카와 양파를 넣고 물에 푼 감자가루를 조금씩 넣으면서 농도를 맞추고 불을 끈다.
4. 1의 튀겨낸 건시 위에 3의 양념을 끼얹는다. 분홍빛 양념이 입맛을 돋운다.

*
비트를 넣어 끓일 때 색이 너무 진하게 올라오면 야채를 넣기 전에 비트를 건져낸다.

건시 산약 샐러드

재료 및 분량

산약 1개, 건시 3개, 찹쌀가루 1/2컵, 소금 약간
식용유 2큰술, 견과류(호두, 아몬드 슬라이스
땅콩, 건포도) 1큰술

양념

과육 유자청 1큰술, 레드와인 1작은술
식초 1작은술

만드는 방법

1. 산약은 손질하여 두께 0.5m의 편으로 썰어 소금을 약간 뿌리고 찹쌀가루를 입혀서 팬에 살짝 굽는다.
2. 건시는 둥근 모양대로 산약 두께로 썰어 견과류를 합한다.
3. 준비된 양념 재료를 섞는다.
4. 1과 2의 재료에 3의 양념을 넣어 섞는다.

호마유 胡麻油

主瘖瘂能潤肺故也可和竹瀝薑汁童便等服之

『동의보감』「본초」

말을 하지 못하는 병에 주로 쓰이는데 능히 폐를 윤택하게 하기 때문이다. 푸른 대를 불에 구워서 받은 기름, 생강즙, 아이 소변 등과 합해서 먹는다.

『동의보감』에 호마는 검은 참깨로 되어 있으니 호마유는 검은 참깨기름이다. 즉 검은깨를 짠 참기름인 셈이다. 우리나라의 호마유에 대한 최초의 기록은 『삼국유사(三國遺事)』 제5권 감통 편에서 선율이 환생한 이야기에 나오는데, 호마유로 등불을 켰다고 한다. 『조선왕조실록(朝鮮王朝實錄)』에서 참기름은 긴요한 용도로 사용되는 것이라고 언급할 정도로 중요한 식재료로 취급되었다. 왕실의 진찬, 진연의궤나 『음식디미방』, 『규합총서(閨閤叢書)』 등 각종 조리서에 빠짐없이 들어가 있기도 하다.

참깨는 참깨과에 속하는 한해살이풀로 높이는 1m 정도 된다. 잎은 마주 나고 줄기 윗부분에서는 때로 어긋난다. 꽃은 7~8월에 연분홍으로 피고 열매 안에 80개가량의 종자가 들어 있는데, 종자의 색이 검은 것이 호마이다.

성질은 약간 차갑다. 호마유로 불을 피우면 눈을 밝게 하고 병을 치료할 수 있다. 머리털이 빠지는데 생호마유를 바르면 효과가 있다. 곤충이 귀에 들어갔을 때는 호마유로 전병을 만들어 베고 누우면 저절로 나온다. 출산 후 태반이 나오지 않을 때도 사용한다. 약으로 사용하는 것은 생것을 사용하며 볶은 것은 불을 밝히거나 음식으로 사용한다.

건어튀김
호마유

재료 및 분량

우럭 1마리, 소금 1큰술, 감자가루 2큰술
물 5큰술
호마유 3큰술, 후춧가루 1/4작은술
실파나 실고추

만드는 방법

1. 우럭은 배를 갈라 창자와 아가미를 제거하고 깨끗이 씻어 소금을 뿌린다. 하루 동안 꾸덕꾸덕하게 말린다.
2. 호마유 1큰술에 후춧가루를 뿌려둔다.
3. 1에 2의 기름장을 바르고 전분을 묻혀 호마유를 두른 팬에서 앞뒤를 노릇하게 굽는데, 이때 물 5큰술을 팬 가에 두르고 뚜껑을 덮어 약한 불에서 익힌다. 가끔 팬을 흔들어 생선이 팬에 붙지 않게 한다.
4. 다 구워지면 고명으로 실파나 실고추를 얹으면 좋다.

*
호마유는 볶은 호마유가 아닌 생호마유에서 짠 기름을 사용한다. 물을 부어 수증기로 익히면 생선살은 촉촉하면서 겉은 바삭한 찜구이가 된다.

파육계장

호마유

재료 및 분량

호마유 5큰술
고춧가루 3큰술, 대파 5뿌리
계란 2개

육수
소고기 양지머리 600g
물 10컵, 다진 마늘 2큰술

양념
국간장 2큰술, 소금 1작은술
후춧가루 1/2작은술

만드는 방법

1. 호마유에 고춧가루를 넣고 불에 올려 고추기름을 낸다. 체에 고운 기름만 밭쳐낸다.
2. 소고기는 핏물을 깨끗이 씻어 물 10컵을 넣고 무르도록 삶는다. 고기는 건져 식혀 찢어 마늘을 넣어 무치고 국물은 체로 밭쳐 육수를 낸다.
3. 대파는 길이 5cm 길이로 썰고 굵으면 반을 가른다.
4. 냄비에 육수를 붓고 1의 고추기름과 3의 파를 넣어 끓인다. 파가 무르도록 익힌다.
5. 4의 육수에 2의 고기를 넣고 준비한 양념을 넣는다. 계란을 풀어서 붓는다. 젓지 않는다.

*
당면은 30분 정도 불려서 계란 넣기 전에 넣어도 좋다.

계자 鷄子

多食令人有聲以水煮兩沸合水服之

『동의보감』「본초」

많이 먹으면 사람으로 하여금 소리 나게 한다.
물에 삶되 두 번 끓인 후 물과 함께 먹는다.

계자(鷄子)는 계란을 말한다. 중국 오나라 시대의 『삼오역기(三五歷紀)』에는 아직 하늘과 땅이 있지 않았을 때 혼돈의 모습이 계자와 같다고 하였고, 계자 안의 흰자는 하늘을 상징하고 노른자는 땅을 상징한다고 했다. 토템 신앙이 깃든 식재료로서 계란은 하늘과 땅을 함께 품어 생명을 잉태한 것을 의미했다. 우리나라에도 닭과 관련된 설화가 있다. 신라 시조 박혁거세의 왕비 알영이 계룡에서 태어났는데, 입이 닭의 주둥이를 닮아 있었다는 이야기도 있고, 김알지 탄생 설화에도 닭이 등장한다. 신라 22대 지증왕의 무덤인 천마총에서도 계란이 발굴되었는데, 이는 탄생 설화의 매개체로서 계란을 신성하게 생각했기 때문으로 추정된다.

알의 흰자는 기가 맑고 성질이 약간 차며, 노른자는 기가 흐리고 성질이 따뜻한데, 흰자와 노른자를 함께 사용하니 성질이 평하다. 맛은 달고 독이 없다.

계란은 마음을 진정시키고 목구멍이 닫힌 것을 치료한다. 가슴이 답답하고 열이 나면 흰자를 날것으로 먹는다. 계란 껍데기를 사용하기도 하는데 중병을 치른 후 회복기에 껍데기를 가루 내어 탕으로 끓여 먹는다. 또 오랜 기침에는 계란 껍데기 안쪽의 흰 껍질을 사용한다.

닭의 종류가 많은 만큼 계란도 다양하다. 『본초강목』에서는 노란 암탉이 낳은 것이 가장 좋고, 검은 암탉이 낳은 것은 그다음이라고 했지만, 『동의보감』에서는 검은 닭의 알이 더 좋다고 했다.

계란 연근찜

재료 및 분량

계란 5개, 날치알 1컵
연근 30g, 초 2큰술

양념
새우젓 2작은술, 생강즙 1작은술, 양파 100g
맛술 1큰술, 다시 물 1컵

만드는 방법

1. 연근은 껍질을 벗겨서 식초 물에 하루 담가둔다.
2. 계란 5개를 풀어서 체에 내린다.
3. 1의 연근에 준비한 양념을 넣어 믹서에 갈아 질그릇에 담는다.
4. 3에 2의 푼 계란과 날치 알을 합하여 섞는다.
5. 찜기에 김이 오르면 4를 넣어 15분 정도 중탕한다.

*
따뜻한 밥 위에 올려 먹거나 토하젓과 함께 먹으면 더욱 맛있다.

계란 영양죽

재료 및 분량

멥쌀 1컵, 물 6컵, 참기름 2큰술, 다진 소고기 100g, 당근 40g

소고기 밑간

국간장 1큰술, 참기름 1큰술, 후춧가루, 다진 마늘 1작은술

마무리 재료

계란 2개, 청주 1작은술, 소금 약간, 부추 20g

만드는 방법

1. 멥쌀은 깨끗이 씻어 3시간 정도 불린 후 체에 건진다.
2. 소고기는 끓는 물에 데쳐서 핏물을 빼고 키친타올로 물기를 제거한 다음 간장, 다진 마늘, 참기름, 후춧가루를 넣어 밑간을 해둔다.
3. 돌솥에 참기름을 두르고 1과 2를 넣어 쌀알이 투명해질 때까지 볶아서 물을 부어 끓인다.
4. 3이 끓어오르면 잘게 썬 당근을 넣고 뭉근한 불에서 쌀알이 퍼질 때까지 끓인다.
5. 4가 충분히 퍼지면 계란에 청주를 조금 넣어 풀어서 위에 끼얹는다. 젓지 않는다.
6. 계란이 익으면 소금으로 간을 맞추어 불을 끄고 잘게 썬 부추를 넣어 섞는다. 그릇에 담아 낸다.

*

청주는 계란의 비린내를 잡아준다.

계란 전복장조림

재료 및 분량

계란 5개, 전복 3개, 통마늘 10알, 건고추 1개
대파 총백 2뿌리, 진피 10g, 전복 삶은 물 2컵

육수 양념

진간장 2/3컵, 꿀 2큰술

만드는 방법

1. 계란은 삶아 건져 찬물에 담가두었다가 껍데기를 벗긴다.
2. 수저를 이용하여 전복 껍데기와 내장을 제거하고 전복 살만 준비한다. 전복 살을 깨끗이 씻어 끓는 물에 살짝 데쳐서 얇은 편으로 썬다.
3. 2의 전복 삶은 물 2컵에 파뿌리와 진피를 넣어 끓인 다음 체에 밭쳐 육수를 준비하고, 육수에 준비된 양념을 넣는다.
4. 통마늘은 저미고 건고추는 어슷어슷 썬다.
5. 그릇에 1의 삶은 계란을 담고 2의 전복과 4의 마늘, 건고추를 위에 올린 다음, 3의 식힌 육수를 재료가 잠기도록 붓는다.
6. 냉장고에서 2~3일 숙성되면 먹는다.

"혈(血)이 물이라면 기(氣)는 바람이다."

『동의보감』에서는 혈과 기를 각기 영혈(營血)과 위기(衛氣)라고 하여 한 쌍으로 보았다. 혈과 기는 하나가 되어 생리 작용을 한다.

기가 혈을 이끌고 다니므로 기가 돌면 혈도 따라 돌고,
기가 맺으면 혈도 따라 맺는다.
기가 더워지면 혈이 잘 돌고, 기가 차가워지면 혈이 잘 돌지 못한다.
그래서 혈에서 병이 생겼을 때에는 기를 고르게 하라고 하였다.

囍

4부

체액을 맑고 풍부하게 하는 음식

『동의보감』 단방에서는 '진액(津液)'을 윤택하게 해야 한다고 강조한다. 진액은 '진(津)'과 '액(液)'이 결합한 용어로 우리 몸의 분비물과 조직액을 포함한 일종의 체액이다. '진'은 피부 조직에 공급되는 수분으로 진이 많이 빠져나가면 피부에 수분이 부족해져 땀구멍이 원활하게 기능하지 못하고 땀을 많이 흘리게 된다. '액'은 뼈가 원활하게 움직이도록 하고, 뇌수를 좋게 하며, 피부를 윤택하게 만든다.

『동의보감』의 진액에서는 기혈(氣血)이 허약하여 생기는 자한(自汗, 식은 땀), 음(陰)과 혈(血)이 허약하여 잠자는 동안 전신이 목욕한 것처럼 땀을 많이 흘리고 잠을 깨면 땀이 그치는 도한증(盜汗症)을 다스리는 방법을 소개한다. 4부에서는 진액을 맑고 풍부하게 하는 단방 중에서 갈근, 생간, 총백, 인동등, 두시, 상엽, 방품, 황기, 초목, 백복령을 한방 재료로 찬품을 만들어 보았다.

도한증 치료의 성약(聖藥)으로 전해지는 당귀육황탕(當歸六黃湯)을 소개한다.

당귀육황탕 황기 8g, 생지황 4g, 숙지황 4g, 당귀 4g, 황련 2.8g, 황백 2.8g, 황금 2.8g

* 위 재료를 합하여 달여서 복용하면 땀으로 고생하는 도한증을 치료할 수 있다.

갈근 葛根

解肌發表出汗開腠理水煎服之

『동의보감』「본초」

자연스럽게 땀이 나도록 피부를 연다. 물에 달여 먹는다.

Forest & Kim Starr, Creative Commons

갈근은 칡나무의 뿌리이다. 칡은 우리나라를 비롯해 말레이시아, 인도, 중국, 일본 등에 분포하는 낙엽활엽 덩굴식물이다. 길이는 10m 이상 자라며 잎은 세 군데가 뾰족하여 단풍나무 잎과 같으면서 길고 앞면은 푸르고 뒷면은 옅다. 꽃은 8월에 홍자색으로 핀다. 씨는 녹색이고 납작하다. 뿌리는 팔뚝만큼 두껍고 겉면은 자색이고 안은 흰색이다.

뿌리는 갈근이라 하며, 달여 먹거나 약재로 사용한다. 맛은 달고 성질은 차며 독이 없다. 갈증을 해소하며 신열이 나는 증상에 효과가 있다. 땀이 나게 하고 쇠붙이로 다친 상처를 아물게 한다. 어혈을 풀어주며 구토를 멎게 한다. 특히 주독을 풀어주는 데 효과가 있다. 『향약집성방』이나 『동의보감』에 따르면 갈근을 갈아서 물에 넣고 앙금을 가라앉힌 다음, 이를 끓여 덩어리를 만든다. 다시 부스러뜨려서 끓는 물에 오래 넣어두면 색이 아교처럼 되면서 아주 질겨진다. 이것을 꿀물과 먹거나 생강을 곁들여 복용하면 주독을 매우 잘 치료한다고 기록되어 있다.

갈근을 짓찧은 것을 물에 넣고 휘저은 후 가만히 기다리면 녹말이 가라앉는다. 윗물을 걸러내고 얻은 녹말을 쌀과 섞어 밥을 짓거나 죽을 쑤어 먹으면 좋다.

잎은 차 대용으로 쓰거나 외상이 있을 때 지혈에 사용한다. 꽃은 소갈병을 주로 치료한다. 줄기는 새끼 대신 사용하기도 하며 베를 짜기도 한다. 또 녹색을 낼 때 염료로 사용한다.

갈근 구기자탕

재료 및 분량

갈근(마른 칡뿌리) 40g, 구기자 20g, 생강 3쪽, 대추 3개, 물 2ℓ

만드는 방법

1. 갈근을 잘 씻어 편으로 썰고, 대추도 잘 씻어놓는다.
2. 구기자는 깨끗이 씻어 달군 팬에서 살짝 볶아낸다.
3. 생강은 편으로 썬다.
4. 물 2ℓ에 1, 2, 3을 넣고 끓으면 약불로 줄여서 30분 우려낸다.

*
탕을 마실 때 꿀을 사용하면 흡수도 빠르고 맛이 좋다. 겨울에 캔 갈근이 향이 좋고 약효도 뛰어나다. 갈근 구기자탕은 갈증을 없애고 땀을 배출하여 주독을 풀어준다. 해열 작용도 한다.

갈근 저육장포

재료 및 분량

갈근 30g, 물 10컵
돼지고기(안심) 300g, 두부 1모
생강 2쪽, 대파 2뿌리, 마늘 5알, 청양고추 3개
통후추 10알, 국간장 1컵, 조청 2큰술

만드는 방법

1. 돼지고기는 찬물에서 핏물을 빼내고 깍둑썰기하여 끓는 물에 살짝 데쳐낸다.
2. 두부도 고기와 같은 크기로 깍둑썰기한다.
3. 생강, 대파, 마늘은 얇게 편으로 썰고 청양고추는 어슷썰기하여 씨를 뺀다.
4. 물 10컵에 갈근 30g을 넣고 약불에서 뭉근히 달인다.
5. 4의 갈근 달인 물에 통후추 10알과 생강을 넣고 1의 돼지고기를 삶는다.
6. 20분 정도 끓인 후에 국간장과 조청을 넣고 약한 불로 다시 조린다.
7. 돼지고기가 거의 익으면 청양고추, 대파, 마늘, 두부를 넣는다.
8. 두부가 간장에 잘 졸여지면 불을 끈다.

생강과 건강

生薑、乾薑

皆發表開腠理出汗水煎服

『동의보감』「본초」

피부를 열어 땀이 나오게 한다. 물에 달여 먹는다.

Dguendel, Creative Commons

생강은 생강과에 속하는 한해살이 열대식물로 주로 인도나 말레이군도 등 열대 지방에 분포한다. 우리나라에서는 남부 지방에서 재배된다. 높이는 60cm 정도이고 잎은 대나무 잎처럼 길며 어긋나기로 달린다. 우리나라에서는 꽃이 피지 않으나 열대 지방에서는 8~9월경에 황록색 꽃이 핀다.

세계에서 가장 잘 알려진 향신료로 2천여 년 전 중국에서 처음으로 약초로 소개되었다. 우리나라에서는 『고려사』에 현종이 하사품으로 내렸다는 기록이 있고 『향약구급방』에 약용 식물이라는 기록이 있어 고려 시대에 이미 재배되고 있었으리라고 추정된다. 사용하는 부위는 덩이 줄기이고 알싸한 매운맛과 향긋한 냄새가 있으며 잎에서도 매운 향이 난다.

생강을 말린 것이 '건강'이다. 『본경소증(本經疏證)』에는 건강을 만드는 방법이 소개되어 있는데, "희고 깨끗하며 단단한 생강을 물에 3일 동안 담가서 껍질을 제거하고 흐르는 물에 6일 동안 담가서 다시 껍질을 긁어 제거하고, 햇볕에 쬐어 말린다. 이것을 도기에 3일 동안 놓아두면 건강이 된다"라고 했다.

건강의 맛은 맵고 성질은 따뜻하다. 담과 기침에 효과가 있고 치미는 기를 내려서 치료한다. 위를 열어주고 따뜻하게 해준다. 용법은 달여 먹거나 가루를 내거나 알약으로 먹는 것 모두 좋다.

생강은 맛이 맵고 성질은 약간 따뜻하다. 주로 상한(傷寒)으로 생긴 두통과 코막힘, 기침과 상기(上氣)를 치료하고 구토를 멈추게 한다. 구토에는 큰 생강 한 덩이를 얇게 잘라서 황토 반 숟가락과 같이 달여 먹는다. 입안이 헐고 상처가 났을 때에도 생강즙으로 자주 양치해서 뱉어내거나 생강가루로 문질러주는 것도 효과가 있다고 했다.

생강차

재료 및 분량

생강 5톨, 귤피 20g, 물 10컵, 꿀 1큰술

만드는 방법

1. 생강을 깨끗이 씻어 편으로 썬다.
2. 귤피도 깨끗이 씻는다.
3. 물 10컵에 1과 2를 넣고 20분 동안 뭉근한 불에서 우려낸다.
4. 마시기 전 기호에 따라 꿀을 넣는다.

*
귤피는 팬에 살짝 볶아서 사용하면 향이 더욱 진하다.

편강

재료 및 분량

생강 600g, 꿀 3컵

만드는 방법

1. 생강은 껍질을 벗겨 얇게 편을 썬다.
2. 생강을 30분 정도 찬물에 담가 전분과 매운맛을 뺀다. 이렇게 2~3회 물을 바꾸어준 뒤 건진다.
3. 찜기에서 생강이 투명해지도록 쪄낸다.
4. 냄비에 꿀과 생강을 넣고 중불에 달인다. 꿀이 다 녹으면 센 불로 바꾸어 달인다.
5. 꿀이 줄어들면 중불로 줄인다.
6. 꿀이 끈적끈적해지면 편강이 완성된 것이다.

총백 葱白

連鬚用解表出汗散風邪水煎服

『동의보감』「본초」

뿌리수염과 연결해서 쓰면 피부를 열어 땀이 나오게 하며 감기를 낳게 한다. 물에 달여 먹는다.

총백은 파의 밑동을 말한다. 파는 백합과의 다년생 풀로 겨울을 땅속에서 나고 봄에 다시 싹을 내기 때문에 동총(冬葱)이라고도 한다. 『동의보감』에는 "파 밑을 쪼개어 심은 것은 씨가 맺히지 않는데, 이것이 식용이나 약용으로 가장 좋다. 단지 양념에만 쓸 수 있고, 많이 먹으면 안 된다. 관절을 열고 땀을 내어 사람을 허하게 만들기 때문"이라고 했다.

파의 성질은 서늘하고 맛은 매우며 독이 없다. 파란 잎 부분과 흰 뿌리 부분의 성질이 다르다. 흰 뿌리 부분은 성질이 뜨겁고 음의 기운을 가지고 있으며, 파란 잎 부분은 성질이 차고 양의 기운을 가지고 있다. 찬 기운이 들어 오한과 발열이 있을 때나 인후통이 있을 때는 파의 밑동을 사용한다. 변비나 소변이 잘 나오지 않는 증상에는 총백을 달여 복용하면 좋다. 배가 차서 아픈 증상에는 진하게 달여 마시거나 잘게 썰어서 소금과 함께 뜨겁게 하여 찜질한다.

파의 열매도 약으로 사용하는데, 눈을 밝게 하고 속을 데우며 정기를 보하는 역할을 한다.

Judgefloro, Creative Commons

총백 배추찜

재료 및 분량

총백 50g, 생강 5g, 물 10컵
통배추 1/2통, 소고기 200g, 무 60g
대파 1뿌리, 미나리 20g, 목이버섯 20g
석이버섯 5g, 숙주 30g

소고기 양념

참기름, 국간장, 깨소금, 후춧가루, 맛술

만드는 방법

1. 통배추 겉잎을 떼어내고 깨끗이 씻어 숨만 죽을 정도로 살짝 데친다.
2. 미나리는 다듬어놓는다.
3. 소고기는 가늘게 채 썰어 참기름, 국간장, 깨소금, 후추, 맛술로 양념하여 볶는다.
4. 무는 4~5cm 길이로 채 썰어 볶는다.
5. 숙주는 다듬어 씻은 후 살짝 데치고 대파는 3~4cm 길이로 썰어 살짝 데쳐낸다.
6. 석이버섯과 목이버섯은 채 썰어 살짝 볶는다.
7. 배춧잎을 펴서 3, 4, 5, 6의 재료들을 가로로 길게 놓고 흩어지지 않게 돌돌 말아 미나리로 맨다.
8. 물 10컵에 총백과 생강을 넣고 20분간 뭉근히 끓인 다음 국간장을 넣어 간을 낸다.
9. 냄비에 7의 배추말이를 넣고 8의 국물을 자작하게 부어 10분 동안 찌듯이 조린다.
10. 배추찜을 먹기 좋은 크기로 썰어 속이 보이게 접시에 담고 자작하게 국물을 끼얹는다.

*
겨울 배추가 달고 맛이 좋다.

총백 호박조림

재료 및 분량

총백 5뿌리, 늙은 호박 200g, 멸치 20g, 물 5컵
양파 1/2개, 대파 1/2뿌리, 홍고추 1개
새우젓 3큰술, 다진 마늘 2큰술, 소금

만드는 방법

1. 껍질을 잘 벗긴 늙은 호박의 속을 파내고 여러 등분하여 반달 모양으로 얇게 썬다.
2. 양파와 대파, 홍고추를 어슷썰기한다.
3. 냄비에 물 5컵과 멸치, 총백을 넣어 20분 정도 달인다.
4. 냄비에 호박을 깔고 3의 멸치 육수를 자작하게 붓는다.
5. 4에 다진 마늘과 새우젓을 넣고 호박이 익을 때까지 끓인다.
6. 2의 양파, 대파, 홍고추를 얹어서 한 번 더 끓인 후 소금으로 간을 한다.

*
표면에 하얀 가루가 나오고 색이 진하며 골이 깊게 파인 호박이 달다.

인동등 忍冬藤

散久積陳鬱之氣能出汗煮飮良

『동의보감』「단계」

오랫동안 쌓여 묵어서 답답한 기를 흩고 능히 땀이 나게 한다. 끓여서 마시면 좋다.

Ewen Cameron, Creative Commons

인동등은 인동의 줄기로, 겨울에도 줄기가 죽지 않아 '인동(忍冬)'이라고 불렸다. 인동과의 덩굴식물로 우리나라를 비롯하여 중국, 일본 등에 분포하고 있으며, 산기슭과 들의 양지에서 자란다. 길이는 약 5m이며 줄기가 오른쪽으로 감긴다. 꽃은 5~7월에 피는데 흰 꽃이 점차 노란색으로 변하여 금은화라는 이름이 붙었다. 10~11월에는 열매가 검은색으로 익는다. 줄기에 잎이 붙어 있는 채로 잘라서 타래처럼 감아 햇볕에 말려 사용하면 된다.

인동의 성질은 차고 맛은 약간 떫고 나중에는 쓴맛이 난다. 냄새는 거의 없다.

열독을 풀어주거나 악성 종기 등의 염증에 탁월한 효과가 있다. 인동등을 진하게 달여 즙으로 복용하면 좋다. 종기, 악창 등의 치료에는 꽃과 줄기, 잎을 생으로 찧어 따뜻한 술에 타서 먹으면 낫는다.

꽃도 약재로 사용하는데, 5~6월 맑게 갠 날 이른 아침에 이슬이 마를 때를 기다려서 채취하여 햇볕이나 그늘에 말린다. 인동 꽃은 이뇨 작용을 하며 염증을 삭이고 균을 죽이는 작용을 한다.

인동등 대하장

재료 및 분량

대하 5마리, 소주 1/4컵, 양파 1/2개
홍고추 2개, 청양고추 3개

간장 양념

물 10컵, 간장 3컵, 물엿 1/2컵, 사과 1/2개
배 1/2개, 건고추 2개, 대파 1/2뿌리
통마늘 10알, 생강 1쪽, 인동등 20g, 감초 10g

만드는 방법

1. 대하는 입과 수염을 자르고 등을 구부려 내장을 제거한 다음 소주에 10분 동안 담갔다가 깨끗이 헹군다.
2. 양파는 굵직하게 깍둑썰기하고 홍고추와 청양고추는 어슷썰기한다.
3. 그릇에 대하를 차곡차곡 가지런히 넣고 그 위에 양파, 홍고추, 청양고추를 고명으로 얹는다.
4. 준비된 간장 양념 재료를 냄비에 넣고 끓인다. 끓기 시작하면 뭉근한 불로 1시간 정도 졸인다. 체로 밭쳐서 건더기는 걸러내고 간장 국물을 식힌다.
5. 3에 대하가 잠기도록 간장 국물을 붓고 살짝 눌러놓는다.
6. 이틀 동안 냉장 보관한 후 간장 국물만 냄비에 따라서 다시 끓인다. 끓인 간장 국물을 식혀서 대하에 다시 붓는다.

*
먹고 남은 간장 국물은 밀폐 용기에 담아 냉장 보관하면서 다양한 요리에 활용하면 좋다.

인동등 고추장아찌

재료 및 분량

풋고추 1kg

인동초 물

인동등 줄기 20g, 금은화 10g, 물 21/2컵

절임장

간장 2컵, 매실청 1컵, 멸치액젓 1컵, 사과식초 1/2컵, 소주 1/2컵
양파 1개, 청양고추 10개, 대파 2뿌리

만드는 방법

1. 인동초와 금은화를 물에 넣고 끓기 시작하면 불을 끄고 우려낸다.
2. 풋고추는 줄기를 다듬고 깨끗이 씻어 물기를 제거한다.
3. 양파는 큼직하게 4등분하고 대파도 크게 등분한다. 청양고추는 다듬어 2등분한다.
4. 냄비에 인동초 물과 절임장 재료를 넣고 불에 올린다. 끓으면 20분 정도 중불에서 조린 후 체에 내려서 식힌다.
5. 그릇에 풋고추를 차곡차곡 담고 4의 장을 잠기도록 부은 다음 돌로 눌러주고 일주일간 숙성시킨다.
6. 절임장을 따라내어 끓여서 식혀 다시 고추에 붓는다.
7. 3~4일 후에 1~2회 반복한다.

*
가을걷이를 한 연한 풋고추가 좋고 냉장 보관하면 밑반찬으로 오래 먹을 수 있다.

인동초차

재료 및 분량

물 10컵, 인동초 30g

만드는 방법

1. 인동초를 물에 넣고 끓기 시작하면 약불로 줄이고 30~40분 동안 우려낸다.
2. 기호에 따라 꿀을 넣고 마신다.

인동화주

재료 및 분량

쌀 5컵, 누룩 2컵
인동 꽃 50g, 생수 20컵

만드는 방법

1. 쌀을 흐르는 물에서 맑은 물이 나올 때까지 여러 번 씻는다. 쌀알이 깨지지 않도록 주의한다. 12시간 정도 충분히 불린 다음 건져서 2시간 정도 물기를 뺀다.
2. 찜솥에 김이 오르면 면보를 깔고 불린 쌀을 담아 고르게 편 후 40분 정도 찐 다음 불을 끈다. 20분이 지나면 표면에 찬물을 뿌리고 다시 뜸을 들인다.
3. 누룩은 잘게 부수어 생수를 조금 부어 불려놓는다.
4. 2의 찐밥을 넓은 체에 펼쳐서 식힌 다음 누룩과 꽃술을 뗀 말린 인동꽃을 넣어 잘 섞어서 손바닥으로 가볍게 골고루 누른다. 밥알이 깨지지 않도록 한다.
5. 30~40분 누르면 뽀글뽀글 작은 기포가 생긴다. 이때 생수 10컵을 부어 섞는다.
6. 유리병이나 항아리를 뜨거운 물에 소독하거나 수증기를 쐰 후 말린다.
7. 병 입구를 청결히 닦은 후 5를 넣고 면보로 덮어 고무줄로 고정시킨다.
8. 7을 전기장판 위나 아랫목에 넣고 이불을 덮어 발효시킨다. 온도는 25~30도 이내로 유지한다. 12시간 정도 지나면 효모가 활성화되어 부풀면서 기포가 뽀글뽀글 올라온다. 중간 중간에 주걱으로 두세 번 저어 가라앉은 누룩이 떠오르게 해준다.
9. 2~3일(48시간 이상) 정도 발효시키고 마지막 하루는 서늘한 곳에서 숙성시킨다.
10. 좋은 술 냄새가 나면서 막걸리가 완성되면 생수 10컵을 넣어 베 보자기로 거른다. 추가할 물 양은 술 맛을 보고 기호에 따라 조절할 수 있다. 병에 넣어 냉장 보관한다.

*

완성된 막걸리는 유통 기한이 짧으므로 반드시 냉장고에서 보관한다.

두시 豆豉

發汗久盜汗豉一升微炒漬酒三升滿三日冷煖任服不差更作

『동의보감』「본초」

땀을 나게 한다. 잘 때 식은땀을 흘리는 오래된 증상의 치료에는 청국장 1되를 약간 볶아 술 3되에 3일 동안 담가 차거나 따뜻하게 해서 임의로 먹는다. 차도가 없으면 다시 만들어 먹는다.

두시(豆豉)는 콩을 발효한다는 의미로 『설문해자(說文解字)』에는 '시' 자를 '배염유숙(配鹽幽菽)'이라고 풀이했다. '소금과 배합하여 콩을 어두운 곳에 두는 것'이라는 뜻으로 오늘날의 청국장 종류를 말한다.

『동의보감』에 두시를 만드는 방법이 나오는데 콩에 소금과 천초를 넣고 3~5일간 저장한 후 생강을 넣고 섞어서 그릇에 넣고 밀봉한다. 이것을 쑥 더미나 말똥 속에 넣고 7~14일 지난 후에 먹는다고 했다.

콩나무, Leonora (Ellie) Enking, Creative Commons

두시는 모든 종류의 대두로 만들 수 있지만 흑두로 만든 것을 약으로 쓴다. 흑두는 껍질이 검고 육질이 노란데 성질이 무거워 아래로 가라앉는다. 이것을 두시로 만들면 성질이 가볍게 되어 응결된 것을 퍼뜨려 발산시킬 수 있게 되는 것이다.

『본초정화』에는 두시의 맛은 쓰고 성질은 차며 독이 없다고 하였고, 상한으로 인한 두통과 한열이 오가는 증상, 숨이 찬 현상, 다리가 차고 시린 것에 효과가 있다고 했다. 또 독을 치료하기도 하는데, 이와 관련된 일화는 『삼국지(三國志)』에 등장한다. 후한 말 정권을 잡은 이각이 파트너 곽사에게 음식을 보내자 곽사의 부인이 두시를 내놓으며 음식에 독이 있다고 의심한다. 두시가 한나라 시대에도 독을 푸는 약재료로 사용되었음을 알 수 있다.

두시는 볶아서 술에 담근 후 데워 먹거나 파와 함께 끓여 먹는 방법이 있다.

가지구이 무침 청국장

재료 및 분량

가지 3개, 후추 1/4작은술, 소금 2작은술
올리브유 1큰술

양념
청국장 4큰술, 대파 1/2뿌리, 다진 마늘 1큰술
깨소금 2작은술, 꿀 2큰술

만드는 방법

1. 가지를 깨끗이 씻어 길이 4~5cm, 두께 1cm의 직사각형으로 썬다.
2. 1의 가지를 팬에 가지런히 깔고 소금, 후추, 올리브유를 살짝 쳐서 노릇노릇 구워낸다.
3. 준비된 양념 재료를 섞는다.
4. 구워낸 가지를 식혀서 3의 양념으로 버무린다.

청국장 장떡

재료 및 분량

청국장 2큰술, 고추장 2큰술, 물 4큰술
부침가루 2컵, 찹쌀가루 1컵
부추 100g, 청양고추 5개, 홍고추 1개

만드는 방법

1. 청국장과 고추장을 잘 섞어 물에 갠다.
2. 부침가루와 찹쌀가루를 섞어 볼에 담고 1을 넣어 농도를 맞춘다.
3. 흐르는 물에 부추를 깨끗이 씻고 2~3cm 길이로 자른다.
4. 청양고추는 곱게 다진다.
5. 2, 3, 4를 합하여 되직한 반죽을 만든다.
6. 반죽을 손으로 둥글게 펴서 먹기 좋은 크기로 만들고 팬에 굽는다.
7. 한 면이 거의 익으면 뒤집어 동글동글하게 썬 홍고추와 파를 고명으로 올린다.

상엽 桑葉

最止盜汗青桑第二番葉帶露採陰乾焙爲末米飮調服

『동의보감』「入門」

잘 때 식은땀을 흘리는 것을 멎게 하는 데 최고이다. 푸른 뽕나무 잎 두 번째 잎에 이슬이 맺힌 것을 따서 그늘에 말려 볶아 가루 내어 미음에 타서 먹는다.

상엽은 뽕나무 잎이다. 뽕나무는 뽕나무과에 속하는 낙엽교목 또는 낙엽관목으로 우리나라 어디에서나 볼 수 있다. 잎의 모양은 계란 모양이거나 갈라진 모양 등 다양하고 꽃은 5월에 피며 열매는 붉은색에서 짙은 보라색으로 익는다. 잎, 열매, 가지, 껍질 등이 모두 이용되는 버릴 것 없는 나무이다. 뽕나무 잎은 누에의 먹이로 조선 시대에는 중요한 식생으로 여겨져 궁궐의 후원에도 뽕나무를 심어 가꾸었다. 누에뿐만 아니라 상황버섯, 동충하초 등도 뽕나무에 기대어 살아간다. 봄에 난 어린잎은 나물로도 먹는다.

약으로 쓰는 잎은 여름과 가을에 난 잎을 서리 내린 이후에 따서 쓰는데, 잎이 갈라진 것이 가장 좋다.

『본초정화』에는 상엽의 맛이 쓰며 달고 성질이 차고 독이 약간 있다고 하였으며, 한열과 땀이 나는 것을 다스린다고 했다. 『동의보감』뿐만 아니라 『의가비결(醫家祕訣)』, 『주촌신방(舟村新方)』 등의 의서에도 땀을 내는 데 효험이 있다고 했다. 약용 방법은 뽕나무 잎을 이슬이 맺힌 채로 따서 그늘에 말렸다가 불에 쬐어 가루로 만든 후 미음에 타서 먹는다.

진하게 달인 즙을 복용하면 각기와 수종을 치료할 수 있고, 대소장을 통하게 하며 곽란으로 인한 복통과 토사를 그치게 한다. 상엽과 마의 잎을 같은 비율로 달인 물로 머리를 감으면 머리털이 자란다고 했다.

Gorkaazk, Creative Commons

뽕잎 나물밥

재료 및 분량

말린 뽕잎 100g, 쌀 3컵, 국간장 1큰술
들기름 2큰술

비빔 간장
다진 대파 1큰술, 다진 마늘 1큰술
깨소금 2작은술, 진간장 5큰술

만드는 방법

1. 찬물에서 불린 말린 뽕잎을 부드러워질 때까지 삶아 흐르는 물에 깨끗이 씻는다.
2. 불린 뽕잎에 국간장과 들기름을 넣어 주물러 간이 배도록 한다.
3. 쌀을 3시간 이상 불린다.
4. 솥에 불린 쌀을 넣고 밥물을 자작하게 부은 뒤 2의 뽕잎을 얹어 밥을 짓는다.
5. 준비된 재료를 섞어 비빔 간장을 만든다.
6. 완성된 뽕잎 나물밥에 비빔 간장을 곁들인다.

*
산에서 채취한 뽕잎이 더 향기롭고 맛이 좋다.

뽕잎차

재료 및 분량

뽕잎 50g, 물 10컵, 작은 계피 조각 1개

만드는 방법

1. 뽕잎을 물 10컵에 넣어 끓인다.
2. 끓기 시작하면 뭉근한 불에서 달인다.
3. 계피를 넣고 15~20분간 더 끓인다.

뽕잎 수제비

재료 및 분량

뽕잎 가루 3큰술, 밀가루 3컵, 국간장, 식용유
애호박 2개, 감자 3개, 표고버섯 5개, 계란 2개

멸치 육수
멸치 50g, 대파 1뿌리, 양파 1개, 물 10컵

만드는 방법

1. 뽕잎을 따서 깨끗이 씻어 쪄내어 채반에 널어 햇볕에 바짝 말린다. 이것을 가루로 만든다.
2. 밀가루에 뽕잎 가루를 고르게 섞어준 다음 식용유를 넣고 물을 조금씩 넣으며 수저로 저어준다. 잘 뭉쳐지면 손으로 치대어 반죽한다. 겉면이 부드럽고 매끈하게 뭉쳐지면 비닐 팩에 담아 냉장고에서 30분 정도 숙성시킨다.
3. 애호박, 감자, 표고버섯은 채 썬다.
4. 계란은 노른자와 흰자를 분리한 후 지단을 부쳐 고명을 만든다.
5. 냄비에 멸치 육수 재료를 담아 끓인다.
6. 육수가 끓기 시작하면 감자와 표고버섯을 넣은 다음 2의 반죽을 얇게 한입 크기로 떼어 넣어 수제비를 만든다.
7. 냄비에 마지막으로 애호박을 넣고 수제비가 익으면 국간장으로 간을 한다.
8. 그릇에 담아 계란 고명을 얹는다.

*
수제비를 뜰 때 반죽에 물을 조금씩 묻혀가며 늘리면 얇게 뜰 수 있다. 멸치 육수를 낼 때는 멸치를 마른 팬에서 살짝 볶아 사용하면 비리지 않고 더 구수하다.

방풍 防風

止汗又止盜汗水煎服之葉尤佳

『동의보감』「본초」

땀이 나는 것을 멎게 하고 또 잘 때 식은땀이 나는 것도 멈추게 한다.
물에 달여 먹는다. 잎 또한 좋다.

방풍은 우리나라를 비롯하여 만주, 중국, 아무르 등에 분포하는 여러해살이풀이다. 높이는 1m까지 자라며 7~8월에 흰 꽃이 피고 가을에 납작한 종자를 맺는다.

봄에 갓 나오는 방풍의 어린잎은 맛과 향기가 좋아 『도문대작(屠門大嚼)』, 『증보산림경제(增補山林經濟)』, 『임원경제지(林園經濟志)』 등에서도 나물로 먹거나 죽을 쑤면 그 맛이 매우 향미롭다고 언급하고 있다. 『조선요리제법(朝鮮料理製法)』에도 갓 올라온 방풍의 싹을 잘라서 빨리 데치고 양념해 먹으면 풍(風)을 방지한다고 했다.

약으로 쓰는 부분은 주로 방풍의 뿌리이다. 뿌리는 황백색으로 봄과 가을에 캐서 말려서 사용한다. 성질이 따뜻하고 맛은 달고 매우며 독이 없다. 『동의보감』에서는 도한이나 땀을 멎게 하며 관절이 아프거나 저릴 때 물에 달이거나 가루 내어 먹으면 효과가 있다고 했다. 『본초강목』에도 풍이 와서 어지럽고 뼈마디가 욱신거리고 아픈 증상을 치료하며, 가슴이 답답하며 몸이 무거운 증상이 있을 때 오래 복용하면 신(神, 정신)을 편안하게 하고 마음을 안정시키며 기와 맥을 고르게 한다고 했다.

Krzysztof Ziarnek, Kenraiz, Creative Commons

방풍 부각

재료 및 분량

찹쌀가루 1/2컵, 물 2컵

방풍 200g, 식용유

만드는 방법

1. 찹쌀가루와 물 1/2컵을 합하여 뭉치지 않게 잘 갠다.
2. 나머지 물 11/2컵을 냄비에 붓고 팔팔 끓기 시작하면 1을 넣고 잘 저어준다.
3. 2의 찹쌀 풀이 봉긋봉긋 끓어올라 골고루 익으면 불에서 내려 식힌다.
4. 방풍은 굵은 줄기를 잘라내고 흐르는 물에서 깨끗이 씻은 후 물기를 제거하여 넓은 쟁반에 잎을 펴놓는다.
5. 조리 붓으로 3의 찹쌀 풀을 4의 방풍 잎 앞뒤에 골고루 발라준다.
6. 햇볕이나 식품 건조기 트레이에 가지런히 펼쳐 3~4시간 정도 잘 건조시킨다.
7. 팬에 식용유를 부어 불에 올리고 온도가 140~150도로 오르면 6의 마른 방풍을 하나씩 튀긴다. 이때 빠르게 하나씩 튀겨야 된다.

*
방풍은 3월경이 제철이며 노지에서 나는 갯방풍이 향도 진하고 약성도 좋다.

방풍 장아찌

재료 및 분량

방풍 1kg

졸임 간장

국간장 1/2컵, 진간장 1/2컵, 꿀 1/2컵

까나리액젓 1/4컵, 식초 1/4컵, 물 5컵

사과 1/2개, 배 1/2개, 양파 1개, 대파 2뿌리

생강 2쪽, 소주 1/4컵

1. 방풍의 겉잎을 떼어내고 다듬어 깨끗이 씻은 후 끓는 물에서 살짝 데쳐내어 찬물에 넣는다. 건져서 물기를 뺀다.
2. 졸임 간장 재료를 냄비에 담고 중불로 조리는데 꿀, 까나리액젓, 식초, 소주는 마지막에 넣어 한소끔 더 끓여서 식힌다.
3. 저장 용기에 1의 방풍을 가지런히 넣은 후 2의 졸임 간장을 가득 잠기도록 부어준다. 맨 위에 무거운 것으로 눌러놓는다.
4. 3일 후 간장 물을 따라내어 다시 끓이고 식힌 다음에 다시 부어 냉장 보관한다.

*

신맛을 좋아하지 않으면 기호에 따라 식초의 양을 적게 넣어도 된다. 방풍은 길이가 짧고 줄기가 굵고 연하며 잎이 신선하고 향기가 좋은 것을 고른다.

방풍차

재료 및 분량

건방풍 50g, 물 10컵

만드는 방법

1. 마른 방풍 잎을 잘게 썬다.
2. 1에 물을 합하여 불에 올린다. 끓기 시작하면 약한 불에서 달인다.
3. 방풍 향이 은은하게 우러나오면 차로 마신다.

방풍나물

재료 및 분량

방풍 잎 300g

양념장

고추장 2큰술, 된장 1작은술, 초 1큰술, 조청 1큰술, 다진 마늘 1큰술, 통깨 2작은술, 참기름 1큰술

만드는 방법

1. 연한 방풍 잎을 다듬어 씻고 먹기 좋은 크기로 떼어낸 다음 끓는 물에 살짝 데친다. 손으로 줄기가 부드럽게 만져져야 잘 데쳐진 것이다. 찬물에서 헹궈 물기를 꼭 짠다.
2. 준비된 양념장에 1의 방풍을 무친다.

방풍죽

재료 및 분량

쌀 1컵, 참기름 2큰술
건방풍 잎 20g, 물 10컵
생방풍 잎 50g, 국간장 11/2큰술, 소금 1작은술

만드는 방법

1. 건방풍 잎을 깨끗이 씻어 냄비에 물 10컵과 함께 넣고 끓기 시작하면 중불로 줄여 6컵 정도가 되게 끓여서 우려낸다.
2. 쌀을 물에 3시간 정도 불려서 방망이로 살짝 으깨어 놓는다.
3. 생방풍의 줄기나 거친 부분은 다듬고 여린 잎을 깨끗이 씻어 2~3cm로 썬다.
4. 냄비에 참기름을 두르고 2를 넣고 볶다가 1의 방풍 물을 넣고 끓인다.
5. 끓기 시작하면 뭉근한 불로 줄인다. 쌀알이 투명해지면 불을 약하게 줄이고 3을 넣고 국간장과 소금으로 간을 한다.

*

방풍죽은 한 김이 나간 후 살짝 식혀 먹으면 향이 더욱 진하고 맛이 좋다.

황기 黃芪

實表虛止自汗蜜水炒黃芪入炙甘草少許水煎常服
凡自汗春夏用黃芪

『동의보감』「동원」

원기가 없는 피부를 실하게 하여 땀이 저절로 흐르는 것을 멎게 한다.
꿀물에 황기를 재웠다가 볶아서 구운 감초 소량을 넣고 달여 상시 복용한다.
무릇 봄, 여름에 땀이 저절로 흐를 때에 황기를 사용한다.

황기는 콩과에 속하는 여러해살이풀로 우리나라를 비롯하여 시베리아 동부, 만주 등에 분포한다. 높이는 1m 이상 자라며 줄기는 곁가지 없이 하나로 올라가고 잎은 사방으로 퍼진다. 7월 중에 황자색 꽃이 피고 열매는 깍지로 열린다.

2월과 10월에 뿌리를 캐어 그늘에 말려 사용한다. 가늘고 긴 원통 모양이고 길이는 30~100cm 정도이며 가운데가 노랗고 다음 층은 하얗고 바깥은 갈색으로 세 개 층이 뚜렷이 구분된다. 너삼과 구분하여 '단너삼'이라고도 부른다.

성질은 약간 따뜻하고 맛은 달며 독이 없어 간에 손상을 주지 않고 간 기능을 회복시키는 효능이 있다. 황기의 약효는 『본초강목』에서 다섯 가지로 정리하고 있는데, 첫째는 여러 요인으로 인해 허하고 부족한 기를 보충해주는 효능이고, 둘째는 원기 회복, 셋째는 비위 강화, 넷째는 피부의 열을 내려주는 효능이 있다. 다섯째는 고름을 배출시키고 통증을 멎게 하며, 피를 잘 돌게 해 피부병의 성약(聖藥)이라고도 했다. 인삼과 견주어 '인삼은 속을 보해주고 황기는 표(表)를 실하게 한다'고 했다. 특히 피부의 혈색을 좋게 하고 광택과 탄력을 더해준다.

황기를 꿀에 축여 볶은 후 감초 구운 것을 약간 넣고 물에 달여 늘 마시면 효과가 있다.

황기 완자탕

재료 및 분량

닭고기 150g
돼지고기(사태) 150g
두부 1모, 표고버섯 5개
석이버섯 5개

양념
잣가루 1큰술, 깨소금 1작은술, 후춧가루 1/4작은술
소금 1큰술, 생강즙 1작은술

육수
황기 40g, 물 10컵, 생강 1쪽

고명
계란 2개, 부추 20g

만드는 방법

1. 닭고기와 돼지고기는 핏물을 빼고 깨끗이 씻어 각각 곱게 다진다.
2. 두부도 물기를 제거해 곱게 으깨고, 표고버섯과 석이버섯은 다진다.
3. 1, 2의 재료를 섞어 준비된 양념을 넣어 고르게 치댄다.
4. 3을 대추 크기로 빚는다.
5. 냄비에 준비된 재료를 넣고 육수를 끓인다.
6. 육수 국물이 끓기 시작하면 4의 완자를 넣고 동동 뜰 때까지 완전히 익힌다.
7. 계란을 노른자, 흰자를 분리하여 지단을 만들고 부추는 3cm 길이로 썬다. 각각을 고명으로 올린다.

황기우엉조림

재료 및 분량
우엉 1뿌리

황기 물
황기 50g, 물 10컵

조림 양념
국간장 1큰술, 진간장 3큰술
들기름 1큰술, 통깨 1큰술

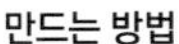

만드는 방법

1. 우엉 껍질을 벗기고 4~5cm 길이로 잘라 곱게 채 썬 다음 끓는 물에 살짝 데쳐낸다.
2. 황기와 물을 합하여 20분간 끓여 황기 물 5컵을 준비한다.
3. 2의 황기 물에 우엉을 넣고 국간장과 진간장을 넣어 조린다.
4. 끓기 시작하면 중불로 줄이고 뚜껑을 덮어 무르도록 익힌다.
5. 완성되면 들기름과 통깨를 넣고 마무리한다.

단맛은 조청이나 꿀로 조절한다.

초목 椒目

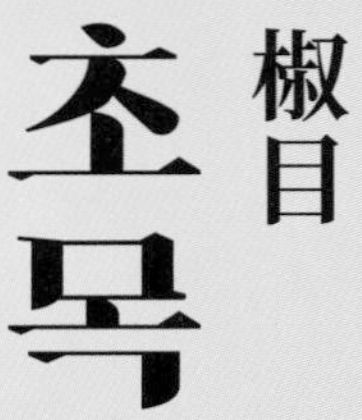

止盜汗最妙微炒爲極細末取半錢以生猪上脣煎湯一合調臨臥服之無不效

『동의보감』「본초」

잘 때 식은땀이 나는 것을 멎게 하는 데 제일 좋다.
약간 볶아서 아주 고운 가루로 만든다.
한 번에 반 전씩을 취해서 생돼지 윗입술을 달여 끓인 물 1홉에 타서 잠자리에 누울 때 먹으면
낫지 않는 것이 없다.

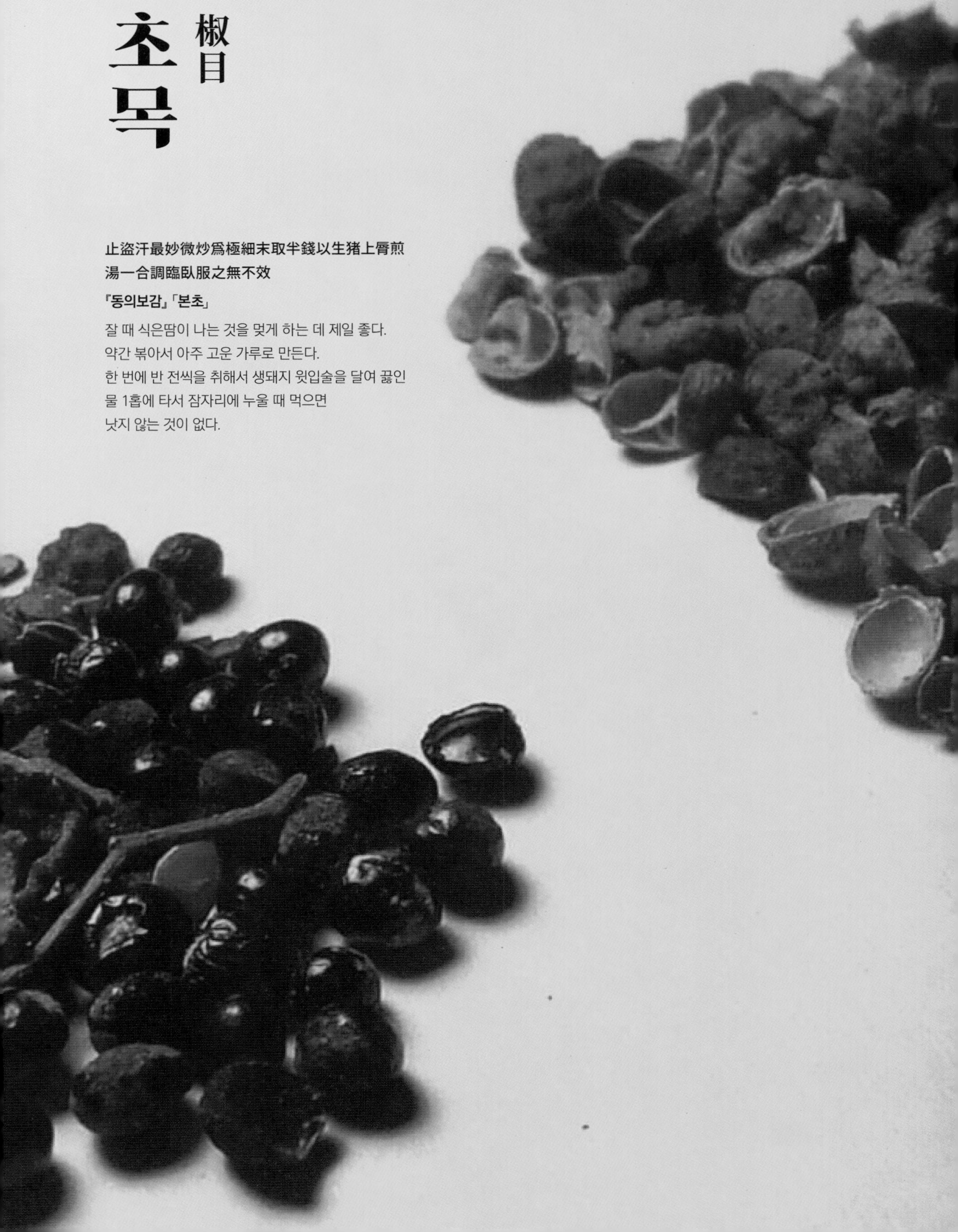

초목은 초피나무의 열매로 사람의 눈동자처럼 검고 빛난다 하여 '椒目'이라고 했다.

초피나무는 우리나라 중부 이남 지방과 일본 등에서 생육하는 낙엽활엽의 관목이다. 보통 산초나무와 헷갈리는 경우가 있는데, 산초나무는 전국 어디서나 잘 자라며 잎이 어긋나기로 나는 데 비해 초피나무는 마주나기 한다. 지역에 따라 전피, 제피나무, 상초나무 등으로 불린다. 나무는 암수 딴 그루이며 5~6월에 황록색의 꽃이 피고 종자는 검은색으로 9월 말~10월 초에 성숙한다. 어린잎에는 방향성 기름샘이 있어 독특한 향기가 있고 덜 여문 열매는 톡 쏘는 매운맛이 있어 향신료로 사용한다. 집 주변에 초피나무를 심으면 모기나 파리 등의 곤충이 꼬이지 않으며, 울타리로 심으면 악귀가 침범하지 않고, 지팡이를 만들어 짚으면 병마가 들어오지 않는다고 했다.

초목의 맛은 쓰고 성질은 차며 독이 없다. 『동의보감』에는 도한을 멎게 하며 방광이 당기는 데 주로 쓴다고 하였으며, 『본초강목』에는 수기(水氣)로 배가 불러 오르고 그득한 증상을 치료하고, 소변이 잘 나오게 한다고 했다. 신장이 허해서 생기는 이명 현상을 치료할 수 있다고 했다. 주로 가루나 환으로 복용하거나 달여 마신다.

Alpsdake, Kenraiz, Creative Commons

초목 장어탕

재료 및 분량

장어 2마리, 고사리 100g, 토란대 100g
숙주 100g, 대파 2뿌리, 청양고추 5개
들깨 가루 2큰술, 초목 가루 11/2큰술

양념

된장 2큰술, 다진 마늘 2큰술, 생강 1작은술
국간장 3큰술, 맛술 1큰술, 들기름 1큰 술

1. 장어는 뼈와 살이 분리되도록 깨끗이 손질한 다음, 뼈와 살을 함께 2시간 정도 중불에서 푹 삶아 뼈를 건져내고 살은 믹서기로 곱게 간다.
2. 고사리는 삶아 먹기 좋은 크기로 썬다. 숙주는 살짝 데쳐놓는다.
3. 토란대도 삶아 아린 물을 빼고 먹기 좋은 크기로 썬다.
4. 대파는 어슷썰기하고 청양고추는 곱게 다진다.
5. 2, 3, 4를 합하여 준비된 양념을 넣고 무친다.
6. 1의 장어에 5를 합하여 탕으로 끓인다.
7. 마지막에 들깨 가루와 초목 가루를 넣고 마무리한다.

*
고사리 대신 방아 잎이나 우거지를 사용해도 좋다.

초목 석박지

재료 및 분량

배추 1포기, 무 1개(500g), 쪽파 10뿌리, 홍고추 5개, 소금

양념

다진 마늘 2큰술, 다진 생강 1/2큰술, 고춧가루 2큰술, 멸치액젓 2큰술, 초목 가루 1큰술

만드는 방법

1. 배추는 반으로 갈라 밑동에 칼집을 넣고 소금으로 절여서 가로세로 4~5cm로 크게 나박썰기한다.
2. 무도 배추와 같이 나박썰기한다. 배추를 건진 소금물에 나박썰기한 무도 절인다. 절인 무를 물에 헹구고 물기를 제거한다.
3. 쪽파는 4cm 길이로 자른다.
4. 홍고추는 물을 조금 넣고 믹서기로 거칠게 갈아 고춧가루와 합한다.
5. 1, 2, 3, 4에 준비된 양념을 넣고 버무려 그릇에 담는다.
6. 1주일 이상 냉장고에서 숙성시킨다.

*
가을부터 나오는 김장 무와 월동 무가 나오는 4월까지는 무가 단단하고 달아서 석박지가 맛있다.

백복령 白茯苓

止自汗盜汗取爲末以烏梅陳艾煎湯調下二錢

『동의보감』「득효」

저절로 땀이 나고 잘 때 식은땀이 나는 것을 멎게 한다. 가루로 만든다. 껍질을 벗겨서 짚불 연기에 그을려 말린 매실과 묵은 약쑥을 다린 탕에 한 번에 2전씩 타서 먹는다.

백복령은 소나무 뿌리에 기생하는 복령의 균핵으로 지하 10~30cm 깊이에 난다. 소나무 뿌리 근처에 얽혀 있는 것을 복신, 피부를 복령피라고 하며, 껍질 아래 담홍색인 것을 적복령, 적복령을 잘라낸 다음 드러나는 백색 부분을 백복령이라고 한다. 크기는 직경 30cm 이상, 무게 1kg 이상까지도 성장한다.

『세종실록지리지』에 따르면 경기도, 충청도, 경상도, 전라도, 강원도에서 생산되는 토산물이다.

맛은 달고 성질은 따뜻하다. 몸속의 불필요한 수분을 제거하고 비위를 좋게 하면서 심장을 안정시키는 효능이 있다. 『동의보감』에는 심장이 허하여 생기는 몽설을 치료하고 자한과 도한을 멎게 한다고 했다. 또 곱게 갈아서 꿀과 섞어 얼굴에 바르면 기미나 임산부의 얼굴에 참새 알같이 자라난 검은 여드름을 없앤다고 하였으며, 전병으로 먹으면 곡식을 끊어도 배고프지 않다고 했다.

백복령 약밥

재료 및 분량

백복령 20g, 대추씨 10개, 물 2컵
찹쌀 2컵, 밤 10개, 건대추 10개, 잣 2큰술
건포도 2큰술, 참기름

양념
계피 가루 1작은술, 흑설탕 3큰술
진간장 1큰술, 소금 1작은술, 참기름 2큰술

만드는 방법

1. 찹쌀을 찬물에 1시간 동안 불린다.
2. 밤은 먹기 좋은 크기로 자르고 대추는 씨를 빼고 3등분한다.
3. 백복령과 대추씨에 물 2컵을 합하여 약불에서 20분 정도 달인다.
4. 불린 찹쌀에 밤, 대추, 건포도, 잣을 섞어준다.
5. 4를 솥에 넣고 준비된 양념을 섞은 다음 3의 백복령 물을 붓고 밥을 되직하게 짓는다.
6. 넓은 팬에 참기름을 두르고 완성된 약밥을 펼쳐 평평하게 수평을 만들고 밤, 대추, 건포도, 잣을 위에 올려 보기 좋고 먹기 좋은 크기로 모양을 만든다.

*
약밥 모양은 틀을 이용해 다양하게 만들 수 있다.

감자옹심이 백복령

재료 및 분량

감자 반죽

감자 300g, 소금 1작은술, 백복령 가루 20g
감자전분 3큰술

육수

다시마 10g, 물 10컵, 멸치 30g, 국간장 4큰술

맛내기 재료

표고버섯 5개, 팽이버섯 2g, 애호박 1개
양파 1/2개, 대파 1뿌리, 다진 마늘 1큰술
들깨 가루 1큰술, 국간장, 소금

만드는 방법

1. 냄비에 준비된 육수 재료를 넣고 끓인다.
2. 감자는 깨끗이 씻어 껍질을 벗겨서 조각내어 믹서기에 간 다음 면보에 넣고 꼭 짜서 물기를 제거한다.
3. 물기를 제거한 감자에 소금을 넣어 간을 하고 백복령 가루와 감자전분을 섞어 반죽한다.
4. 3의 반죽을 둥글게 새알 모양의 옹심이를 빚는다.
5. 표고버섯은 채 썰고 팽이버섯은 먹기 좋게 손질한다. 애호박은 채 썰고 대파와 양파도 채 썬다.
6. 1의 육수가 끓으면 다진 마늘을 넣고 옹심이를 한 알씩 달라붙지 않도록 육수를 저어주며 넣는다. 한소끔 끓으면 버섯과 애호박, 양파, 대파 등 야채를 넣고 한 번 더 끓여준다. 옹심이가 투명해지면 완성된 것이다.
7. 국간장과 소금으로 기호에 따라 간을 한다.
8. 그릇에 담아낼 때 들깨 가루를 뿌린다.

*
빚은 옹심이는 냉동 보관한 후 사용할 수 있다.

5부

담을 풀어주는 음식

『동의보감』 단방에서 다룬 '담음(痰飮)'은 담과 음이 결합한 용어이다. 진액이 열 때문에 탁해진 담(痰)과 몸속 수분이 퍼지지 못하고 병적인 액체로 된 음(飮)을 치료한다. 담음에는 풍담, 한담, 열담, 울담, 기담, 식담, 주담, 경담, 담음유주가 있는데, 이 모두를 통치(痛治)하는 데 쓰이는 한방약으로는 앞서 소개한 육군자탕이 있다.

5부에서는 담을 풀어주는 단방 중에서 창출, 지실, 지각, 목과, 백개자를 한방 재료로 찬품을 만들어보았다. 앞서 소개한 사물탕, 육군자탕, 형소탕, 당귀육황탕에서 보았듯이 대부분의 한방약은 달여서 탕으로 만들어 먹게끔 하고 있다. 속방으로 내려오는 단방 역시 탕으로 되어 있다.

5부에서는 이를 탈피하여 단방을 찬품화하여 일상적인 음식으로 활용할 수 있도록 했다. 약이 아니라 항상 먹는 음식으로 쉽게 접근하여 식치(食治)로 응용할 수 있다.

풍담(風痰) 중풍으로 마비된 후 두통, 어지럼증, 경련이 생기는 증상.

한담(寒痰) 사지가 쑤시고 아프며 차가워지는 증상으로 냉담(冷痰)이라고도 한다.

열담(熱痰) 자주 열이 나고 안광이 짓무르며 목이 쉬고 가슴이 답답한 증상으로 화담(火痰)이라고도 한다.

울담(鬱痰) 열담이 심장과 폐 사이에 맺혀 오래된 증상. 입이 마르고 기침이 나오며 안색이 창백해진다.

기담(氣談) 칠정(七情)으로 인하여 담(痰)이 목구멍에 막혀 있는 증상.

식담(食痰) 음식을 먹고 체하여 소화되지 않아 담이 생기는 증상.

주담(酒痰) 과음으로 인한 주독으로 위장이 상하여 나타나는 증상.

경담(驚痰) 갑자기 놀라서 생긴 담증.

담음유주(痰飮流注) 가래가 몸속에 고인 채 순환되지 않아 통증이 생기는 담증.

창출 蒼朮

消痰水能治痰飮成窠囊極效卽上神朮丸也性燥能勝濕

『동의보감』「본초」

담수를 없애고 둥지 같은 주머니 형태로 자란 담음을 치료하는 데 특히 효과가 좋은 것은 위에서 말한 신출환이다. 성질이 건조하기 때문에 능히 습을 말린다.

Qwert1234, Creative Commons

최근까지만 해도 삽주의 뿌리가 오래된 것을 창출, 새것을 백출로 구분해 사용했는데, 현재 대한약전에서는 창출은 만주삽주와 가는잎삽주를 기원으로 하고, 백출은 삽주와 당백출을 그 기원으로 한다고 규정하고 있다. 즉 창출은 만주삽주와 가는잎삽주의 뿌리줄기로, 우리나라를 비롯하여 중국, 일본, 만주에 분포하는 여러해살이풀이다. 꽃은 백색 또는 홍색으로 7~10월에 피며 열매는 타원형으로 털이 있는데 갈색으로 익는다. 뿌리줄기인 창출은 단면에 황갈색 선점이 보이고 특유의 냄새가 있다.

창출의 성질은 따뜻하고 맛은 쓰고 매우며 독이 없다.

습(濕)한 것을 마르게 하고 습으로 인해 상한 곳을 치료한다. 비(脾)의 기능을 강화시켜 주며 울체를 풀어주고 위장의 소화 기능을 강화한다. 소변이 잘 나오게 하며 혈당을 저하시키고 강장에 도움이 된다. 『단곡경험방(丹谷經驗方)』과 『동의보감』에는 담수(痰水)를 삭이고 이로 인한 낭종을 치료할 때 매우 효과가 좋다고 했다. 『본초강목』에서는 수염과 머리털을 검게 하고, 안색을 좋게 하고, 근골을 튼튼하게 하고, 귀와 눈을 밝게 하고, 풍을 제거하고, 피부를 윤택하게 하며, 오래 복용하면 몸이 가벼워지고 건강해진다고 했다.

복용할 때에는 창출을 쌀뜨물에 사흘 동안 담그는데, 날마다 물을 갈아준다. 꺼내서 검은 껍질을 긁어내어 기름기를 제거하고 얇게 잘라 햇볕에 말린 다음 약한 불로 누렇게 볶고 곱게 찧어 가루를 내어 먹는다. 환으로 만들어 먹어도 좋다.

창출 좁쌀죽

재료 및 분량

좁쌀(메조) 1컵, 물 6컵, 대추 10개, 늙은 호박 400g
창출 가루 2큰술, 소금

1. 좁은 볼에 좁쌀과 물을 넣고 손으로 살짝 비벼서 깨끗이 씻어내고 30분 정도 불린다.
2. 대추는 씨를 빼고 늙은 호박은 껍질을 제거하여 얇게 저며 썬다.
3. 솥에 1의 좁쌀을 넣고 물을 부은 뒤 끓기 시작하면 2의 대추와 호박을 넣고 뭉근한 불에서 끓인다.
4. 죽이 거의 완성되면 창출 가루를 넣고 소금으로 간을 한다.

창출대추차

재료 및 분량

말린 창출 25g, 물 10컵, 대추 10개

만드는 방법

1. 물 2ℓ에 창출과 대추를 넣고 달인다.
2. 물이 끓기 시작하면 약불로 줄여 30분 정도 더 달인다.
3. 완성된 차는 식힌 후 냉장 보관하여 하루에 2, 3회씩 섭취한다.

*

창출의 매운맛은 꿀을 섞어 보완할 수 있다.

지실 枳實

지실은 탱자나무의 덜 익은 열매를 말한다. 『세종실록지리지』에는 지실이 제주도에서 생산된다고 하였고, 『영조실록』에는 제주에서 진공(進貢)하였다는 기록이 있는 것으로 보아 조선 시대에는 제주도에서 주로 생산되었던 것으로 보인다.

낙엽활엽 관목인 탱자나무는 줄기에 억세고 큰 가시가 있으며, 타원형 잎이 어긋나기로 붙어 있다. 꽃은 5~6월경 백색으로 피고 열매는 9~10월에 황색으로 익는다.

지실의 맛은 쓰고 시며 성질은 차갑고 독이 없다. 특유한 냄새가 있다.

가슴과 옆구리의 담을 없애고 피부에 두드러기가 돋아 가려운 것을 낫게 한다. 비위를 편안하게 하여 설사를 멎게 하고 눈을 밝게 한다. 명치가 막히거나 묵은 음식이 소화되지 않는 증상에 효과가 있다. 오장을 순조롭게 하고 기를 북돋고 몸을 가볍게 한다.

『향약집성방』에는 음력 7~8월에 익지 않은 열매를 따서 이를 쪼개 햇볕에 말리거나 저온에서 건조시킨다고 했다. 속을 긁어버리고 향기가 날 때까지 약하게 볶아서 쓰는데, 묵은 것이 좋다.

除胸脇痰癖水煎服或作丸服之

『동의보감』「본초」

가슴과 옆구리에 담이 쌓여 있는 병을 없앤다.
물에 달여 먹거나 환을 만들어 먹는다.

枳實瀉痰能衝墻壁

『동의보감』「단심」

지실이 담을 내리는 효능은 담장 벽을
무너뜨릴 정도로 좋다.

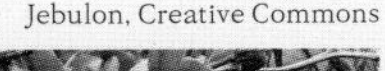
Jebulon, Creative Commons

탱자식혜

재료 및 분량

지실 50g, 엿기름 11/2컵, 꿀 1큰술, 쌀 1/2컵, 물 20컵

1. 지실을 물에 넣고 끓기 시작하면 약한 불에서 30분 정도 달여 식힌다.
2. 1에 엿기름을 넣고 30분 동안 불린 다음 잘 치대고 엿기름을 베주머니에 담아 물을 꼭 짜낸다. 짜낸 엿기름 물에서 앙금이 가라앉도록 1시간 정도 둔 후 윗부분에 뜬 맑은 물을 그릇에 담는다.
3. 쌀을 2시간 정도 불려서 된밥을 짓는다. 완성되면 2의 맑은 물을 넣고 꿀 1큰술을 넣는다.
4. 3을 전기밥솥에 넣어 보온에 맞추고 3시간 정도 삭힌다.
5. 밥알이 동동 뜨기 시작하면 밥솥 뚜껑을 열어놓고 취사를 눌러 끓인다.
6. 끓기 시작하면 기호에 따라 꿀을 넣고 마무리한다.

*
완성된 식혜에서 밥알을 분리해 흐르는 물에 단물을 빼고 따로 저장해두었다가 먹을 때마다 띄우면 된다.

지실차

재료 및 분량

말린 지실 10g, 물 10컵

만드는 방법

1. 여름에 처음 나오는 어린 지실을 깨끗이 씻은 후 얇게 편으로 썰어 바짝 말린다.
2. 말린 지실에 물 10컵을 넣고 10분 정도 달인다.
3. 연하게 우러나면 식혀서 냉장 보관하여 시원하게 물처럼 마신다.

지각 枳殼

消痰散胸膈痰滯煎服末服皆可

『동의보감』「본초」

담을 삭이고 가슴에 몰려 있는 담을 흩어뜨린다.
달여 먹거나 가루 내어 먹어도 좋다.

Buendia22, Creative Commons

지각은 광귤나무나 탱자나무의 다 익은 열매로 만든 약재이다. 중국에서는 대개 광귤나무의 열매를 사용하고 우리나라에서는 탱자나무의 열매로 만든다.

탱자나무는 우리나라 남부 지방에 주로 분포한다. 굵고 뾰족한 가시가 많아 조선 시대에는 죄인을 위리안치(圍籬安置) 할 때 집 주위에 탱자나무를 심어 울타리로 사용하였고, 아이가 있는 민가에서는 거의 키우지 않았다고 한다.

탱자나무 열매가 원재료인 지실도 있는데, 지각은 다 익은 열매로 만들고, 지실은 덜 익은 열매로 만든다. 두 재료의 효능이 달라서 각기 다른 증상에 처방한다. 『본초정화』에는 지각은 기를 주로 다스리고, 지실은 혈을 주로 다스린다고 했다.

지각의 맛은 쓰거나 맵고 성질은 약간 차며 독이 없다. 풍으로 인한 피부의 가려움과 감각이 없는 마비 증상을 치료하고 관절을 부드럽게 한다. 쇠약으로 인한 해수, 흉격에 담이 뭉친 것을 흩트리고 위를 편안하게 하며, 풍으로 인한 통증을 멎게 한다. 구역질을 멈추게 하고 어깨가 쑤시면서 나른한 증상 등에 효능이 있다. 폐기와 수종을 치료한다.

지각은 기를 손상시키기 때문에 많이 복용하지 않으며 기가 허약한 사람이나 임산부는 신중하게 사용해야 한다.

『향약집성방』에 만드는 방법이 있는데 먼저 속을 긁어내고 밀기울과 같이 볶되, 밀기울이 검게 변하면 꺼내서 천으로 검게 탄 윗부분을 닦아내고, 지각만 찧어서 가루로 만들어 쓴다고 했다.

재료 및 분량

배추 2통, 천일염 1컵
사과 1/4개, 배 1/4개, 무 1/2개, 쪽파 10뿌리
미나리 10뿌리, 밤 5개, 대추 5개

탱자 물

건탱자 20g, 물 10컵

찹쌀 풀

찹쌀가루 2큰술, 물 14큰술

분쇄 양념

배 1/4개, 사과 1/4개, 통마늘 10알, 생강 20g
새우젓 1/4컵

1. 배추는 반을 갈라 밑동에 칼집을 넣고 소금으로 절인다.
2. 건탱자에 물 10컵을 넣고 불에 올린다. 끓기 시작하면 30분 정도 뭉근한 불에서 달여 식힌다.
3. 찹쌀가루에 물을 조금 넣고 갠다. 끓는 물에 찹쌀 물을 넣고 잘 저어주며 풀을 쑤어 식힌다.
4. 무, 사과, 배는 채 썰고 쪽파와 미나리는 2~3cm 길이로 썰며, 밤은 편으로, 대추는 씨를 빼고 채 썬다.
5. 준비된 양념 재료를 믹서기에 간다.
6. 2의 탱자 물을 1컵 분량만 떠서 3, 4, 5의 모든 재료와 섞는다.
7. 잘 절여진 배추를 헹구고 물기를 뺀 후 배추 사이사이에 6의 소를 골고루 넣는다.
8. 김치 통에 배추가 움직이지 않게 촘촘히 담고 나머지 탱자 물을 잠기도록 붓는다.

*
백김치는 냉장고에서 일주일 이상 숙성시켜야 맛있다.

탱자청

재료 및 분량

지각 600g, 꿀 3컵

만드는 방법

1. 가을에 생산된 노란 탱자를 깨끗이 씻어 2~3일 살짝 말린다.
2. 편으로 4, 5등분하여 씨를 제거한다.
3. 냄비에 지각과 꿀을 넣고 은근하게 졸인다.
4. 식힌 다음 밀폐 용기에 담아 냉장 보관한다.

*
탱자청은 겨울에 따뜻한 차로 만들어 마시면 좋다.

목과 木瓜

消痰止痰唾

『동의보감』「본초」

담을 삭이고 가래침이 나오는 것을 멎게 한다.

木瓜煎治痰益脾胃木瓜蒸爛取肉研搗篩去滓量入煉蜜薑汁竹瀝攪和作煎每取一大匙嚼下日三四次

『동의보감』「속방」

모과 달인 물은 담을 치료하고 비위에도 이롭다.
모과를 문드러지게 쪄서 살을 취해 갈고 찧어 체에 내린 다음 걸러서 찌꺼기는 버린다.
여기에 끓인 꿀, 생강즙, 푸른 대나무를 불에 구워서 받은 기름을 적당량을 넣고 휘저어 합해서 달인다.
매번 1큰술씩 씹어서 먹는데 하루에 3~4회 먹는다.

목과는 모과의 열매이다. 우리나라 중부 이남 지역을 비롯하여 일본, 중국에 분포하는 낙엽활엽 교목이다. 잎은 긴 타원형이며 4월 말~5월 초에 진분홍색 꽃이 핀다. 열매는 9~10월에 노랗게 익기 시작하여 서리가 내릴 때면 완전히 누런색으로 익는다. 모과가 못생기고 시고 떫어 '어물전 망신은 꼴뚜기가 시키고 과일 망신은 모과가 시킨다'는 속담이 있지만 향기가 좋고 효능이 많다.

모과의 맛은 시고 성질은 따뜻하며 독이 없다.

각기로 인해 붓고 당기는 증상이나 다리 근육이 오그라들고 아픈 증상에 쓰인다. 설사, 구역질, 체하는 사람이 먹어도 효과를 볼 수 있다. 담을 없애고 가래를 삭이며 비위를 보한다. 배가 잘 불러오고 자주 트림을 하는 증상과 명치가 답답하고 막힌 증상을 치료한다.

『동의보감』에는 모과 먹는 방법이 나와 있다. 얇게 저며서 씨를 제거한 후 햇볕에 말려서 진하게 달여 마신다. 또는 모과를 푹 쪄서 과육을 발라낸 후 갈고 찧어 체에 걸러서 찌꺼기는 버리고, 순수 과육에 꿀, 생강즙, 죽력을 적당히 넣어 고르게 저은 후 졸인다. 졸인 모과 과육을 큰 수저로 1술씩 매일 3~4회를 씹어서 먹는다.

Navaneeth Krishnan S, Creative Commons

불고기샐러드
모과

재료 및 분량

소고기(안심) 200g, 양상추 1/4개, 깻잎 5장
부추 5뿌리, 양파 1/4개

소고기 양념
배 1/4개, 양파 1/4개, 물 1컵
다진 마늘 1큰술, 꿀 2큰술, 간장 3큰술
참기름 1큰 술, 깨소금 2작은술, 후춧가루 약간
맛술 1큰술

샐러드 양념
간장 4큰술, 식초 4큰술
홀그레인 머스터드 3큰술, 모과청 3큰술
올리브유 4큰술

만드는 방법

1. 소고기 양념 재료를 믹서기에 넣고 갈아서 소고기를 재운다.
2. 양상추는 흐르는 물에 씻어 먹기 좋은 크기로 뜯고, 깻잎과 부추도 깨끗이 씻어 2~3cm로 자른다. 양파는 채 썰어 찬물에 담가 매운맛을 빼준다.
3. 1의 소고기를 뜨겁게 달군 팬에 올리고 센 불에서 물기가 생기지 않도록 볶는다.
4. 3과 2를 합한 다음 샐러드 양념을 뿌린다.

*
샐러드 양념은 고르게 잘 섞어 사용하고 남으면 냉장 보관하여 사용할 수 있다. 오일이 떠 있을 경우에는 실온에서 거품기를 돌려 섞어준다.

모과 새우냉채

재료 및 분량

대하 4마리, 레몬 껍질 1/2개, 물 1컵
어린잎 채소 100g, 양상추 1/4개, 포도 5알
오렌지 1/4개

양념
레몬즙 1큰술, 모과청 1큰술, 소금 1/2작은술
올리브유 2큰술, 후추 1/3작은술

1. 새우는 머리와 껍질을 제거하고 등 쪽에 칼집을 살짝 넣어 내장을 제거한다.
2. 레몬즙을 짜내고 남은 껍질과 물 1컵을 냄비에 넣고 끓이다 1의 새우를 살짝 데친 다음 얼음으로 차갑게 식힌다.
3. 포도는 씨를 제거하고 편으로 2등분하고 오렌지는 껍질을 제거하고 속살을 판다.
4. 깨끗이 씻은 잎채소와 양상추를 먹기 좋은 크기로 손질해서 그릇에 담고 3의 포도와 오렌지를 얹는다.
5. 그 위에 새우를 올리고 양념을 만들어 뿌린다.

*
야채도 새우와 함께 손질한 후 냉장고에서 살짝 차게 보관해서 사용하면 더욱 맛있는 냉채를 만들 수 있다.

모과청

재료 및 분량

모과 1개, 꿀 3컵

만드는 방법

1. 모과는 흐르는 물에서 깨끗이 씻어 물기를 제거한 후 씨앗을 발라내고 껍질째 등분하여 곱게 채 썬다.
2. 보관 용기를 열탕으로 소독하고 물기를 없앤다.
3. 1의 모과를 용기에 담고 꿀로 덮어준 후 밀폐시킨다.
4. 냉장 보관한다.

백개자 白芥子

主胸膈痰冷

『동의보감』「본초」

가슴의 냉담을 치료한다.

痰在脇下非白芥子不能達末服煎服皆佳

『동의보감』「단심」

옆구리 아래에 생긴 담은 흰 겨자가 아니면 치료하지 못한다.
가루 내어 먹거나 달여 먹으면 다 좋다.

백개자는 겨자의 한 종류인 백겨자를 말하며 일반적으로 '갓'이라고 한다. 그 씨를 약으로 사용한다. 겨자의 종류는 청개(靑芥), 자개(紫芥), 남개(南芥), 선개(旋芥) 등 종류가 많은데 그 중 백개자가 약으로 쓰기에 가장 좋다. 『본경속소(本經續疏)』에 따르면 백개자는 가을이 끝날 무렵 파종하고 초여름에 갈색을 띤 황색의 씨를 채취하는데, 매운맛이 가을 끝 무렵에 생기고 따뜻한 기(氣)가 초여름에 생긴다고 했다.

백개자는 맛이 맵고 성질이 따뜻하며 독이 없다. 담을 치료하는 데 사용한다. 『본초강목』에는 맛이 매워서 폐로 들어가고 성질이 따뜻해서 발산시킬 수 있다고 했다. 기를 소통시켜 담을 없애고, 속을 따뜻하게 하여 위(胃)를 열어주고, 통증을 흩어내며 종기를 삭이고, 악기(惡氣)를 물리치는 효능이 있다고 했다. 가루 내어 먹거나 달여 먹는다.

최근에 백개자를 이용한 이혈(耳血) 지압이 체중 및 체질량 지수 감소와 자기 효능감 증가에 효과적이라는 연구 결과가 발표되었다.

Forest and Kim Starr, Creative Commons

갓물김치

재료 및 분량

갓 2kg, 쪽파 20뿌리, 건대추 3개
소금 1컵, 물 10컵

멸치 육수
멸치 50g, 물 5컵, 양파 1/2개
대파 1뿌리

찹쌀 풀
찹쌀가루 2큰술, 백개자 가루 2큰술
물 11/2컵

과육
배 1/5개, 사과 1/4개

양념
까나리액젓 3큰술, 다진 마늘 5큰술
다진 생강 1큰술

만드는 방법

1. 갓과 쪽파를 깨끗이 씻어 다듬은 후 물과 소금을 10대 1 비율로 만든 소금물에 넣고 무거운 것으로 눌러 1시간 정도 절인다. 건대추는 씨를 빼서 곱게 채 썬다.
2. 준비된 재료를 합해 멸치 육수 3컵을 만들어 식힌다.
3. 준비된 재료를 합해 찹쌀 풀을 쑤어 식힌다.
4. 배와 사과는 믹서기로 갈아 이것에 준비된 양념과 찹쌀풀, 멸치 육수를 합한다.
5. 갓과 쪽파를 김치 통에 켜켜이 넣고 4의 양념 전부를 자박하게 붓는다.
6. 대추채를 고명으로 올리고 밀봉한다. 일주일 동안 냉장고에서 숙성시킨다.
7. 국물과 함께 시원하게 담아 낸다.

두릅전병말이 곁들인 백개자장을

재료 및 분량

두릅 200g, 들기름 1큰술, 식용유, 소금
밀가루 1/2컵, 물 1컵

백개자장
백개자 가루 1작은술, 식초 1작은술,
간장 1작은술 조청 1작은술

만드는 방법

1. 두릅은 밑동의 얇은 껍질을 제거하고 자른다.
2. 끓는 물에 소금을 조금 넣고 두릅을 살짝 데쳐낸 다음 얼음물에 담가서 식힌 후 물기를 제거하고 들기름으로 고르게 무친다.
3. 밀가루에 식용유 1작은술을 넣고 물을 부어 엉기지 않도록 곱게 갠 후 고운체로 걸러 전병 반죽을 만든다.
4. 팬에 기름을 두르고 약불에서 반죽을 한 수저씩 원을 만들 듯 얇게 펴서 한입 크기로 부쳐 2의 두릅을 올려 만다.
5. 준비된 재료를 섞어 백개자장을 만든다.
6. 전병말이를 접시에 담고 백개자장을 곁들인다.

*
이외에도 여러 가지 식재료를 이용하여 삼색, 오색 전병을 만들 수 있다.

약이 되는 한식 · 내경 편

식탁 위의 동의보감 2

피와 체액을 맑게 하는 음식 레시피

초판 인쇄 2023년 8월 15일
초판 발행 2023년 8월 20일
지은이 김상보, 조미순, 김순희, 이주희, 이미영, 이지선
북디자인 이동훈
사진 서필원
펴낸곳 와이즈북
펴낸이 심순영
등록 2003년 11월 7일(제313-2003-383호)
주소 03958, 서울시 망원로19, 501호(망원동 참존 1차)
전화 02) 3143-4834
팩스 02) 3143-4830
이메일 cllio@hanmail.net

ISBN 979-11-86993-11-8 (14590)
ISBN 979-11-86993-07-1 (세트)